全国高级技工学校电气自动化设备安装与维修专业

PLC应用技术（西门子 上册）（第二版）习题册

林尔付　主编

中国劳动社会保障出版社

简　介

本习题册为全国高级技工学校电气自动化设备安装与维修专业教材《PLC应用技术（西门子 上册）（第二版）》的配套用书。习题册内容紧扣教学要求，知识点分布均衡，题型丰富多样，习题难易适中，有助于学生复习巩固所学知识。

本习题册由林尔付任主编，刘昕雅、王磐参加编写，李长军任主审。

图书在版编目（CIP）数据

PLC应用技术（西门子　上册）（第二版）习题册 / 林尔付主编．-- 北京：中国劳动社会保障出版社，2023

全国高级技工学校电气自动化设备安装与维修专业

ISBN 978-7-5167-5902-8

Ⅰ．①P…　Ⅱ．①林…　Ⅲ．①PLC技术－技工学校－习题集　Ⅳ．①TM571.6-44

中国国家版本馆CIP数据核字（2023）第114966号

中国劳动社会保障出版社出版发行

（北京市惠新东街1号　邮政编码：100029）

*

三河市华骏印务包装有限公司印刷装订　　新华书店经销

787毫米×1092毫米　16开本　5.5印张　127千字

2023年9月第1版　　2023年9月第1次印刷

定价：11.00元

营销中心电话：400-606-6496

出版社网址：http://www.class.com.cn

http://jg.class.com.cn

目　录

课题一　可编程序控制器基础知识

任务1　初识可编程序控制器

一、填空题（将正确的答案填写在横线上）

1．PLC是以__________为基础，综合了计算机技术、自动控制技术和通信技术发展起来的一种通用工业自动控制装置。

2．PLC主要由______________、__________、______________、______________、______________及__________等组成。

3．提高输入接口抗干扰能力的主要方法是采用______________和______________。

4．PLC输出接口类型有__________输出、_________________输出和______________输出三种。其中，__________输出接口既可驱动交流负载又可驱动直流负载；__________________输出接口只能驱动直流负载；______________输出接口只能驱动交流负载。

5．PLC的I/O点数是指PLC外部的_________________的个数，包括______________的I/O点数和__________的I/O点数。

6．西门子PLC梯形图由__________、__________和__________组成。梯形图中的一个梯级即一个独立电路称为__________。

7．PLC的______________________和______________________分别用来存放输入信号和输出信号的状态。

8．当外接的输入电路闭合时，对应的过程映像输入寄存器为____状态（或称为ON），梯形图中对应输入点的常开触点__________，常闭触点__________。当外接的输入电路断开时，对应的过程映像输入寄存器为____状态（或称为OFF），梯形图中对应输入点的常开触点__________，常闭触点__________。

9．S7-200 SMART系列PLC的CPU模块分为__________和__________两条产品线。CPU标识的第一个字母为C表示__________产品线，为S表示__________产品线。

10．通信模块是一种具有自己的__________和系统的智能模块。

11．PLC的容量选择包括__________和____________________两个方面参数的选择。

12．数字量输入模块主要有__________和__________两种接线方式。

二、判断题（正确的在括号内打“√”，错误的在括号内打“×”）

1．PLC是一种数字运算操作的电子系统，专为在工业环境应用而设计，它采用可编程序的存储器。（　　）

2．RAM是易失性存储器，断电后存储的信息将会丢失。（　　）

3．ROM的内容既能读出，又能写入。（　　）

4．ROM是非易失性存储器，断电后仍能保存存储的内容。（　　）

5．EEPROM是非易失性存储器，断电后它保存的数据不会丢失。PLC可以读写它，

EEPROM 兼有 ROM 的非易失性和 RAM 的随机存取的优点。（ ）

6．PLC 电源的作用是将外部交流电转换成内部电路所需的直流电。（ ）

7．PLC 梯形图中的线圈表示逻辑输入条件。（ ）

8．PLC 在扫描周期的执行用户程序阶段，若外部输入信号的状态发生改变，则过程映像输入寄存器的状态也会随之改变。（ ）

9．PLC 在 RUN 模式时，执行用户程序所需的时间与用户程序的长短无关。（ ）

10．为了提高系统的可靠性，必须考虑输入门槛电平的高低。门槛电平越高，抗干扰能力越强，传输距离也越远。（ ）

三、选择题（将正确答案的序号填入括号中）

1．以下不属于 PLC 硬件系统组成的是（ ）。

A．中央处理器　B．输入接口　C．用户程序　D．I/O 扩展接口

2．PLC 的编程语言中，属于图形化编程语言的是（ ）。

A．指令表　B．继电器原理图

C．结构化文本　D．梯形图和功能块图

3．在编程时，PLC 的内部触点（ ）。

A．可作为常开触点使用，但只能使用一次

B．可作为常闭触点使用，但只能使用一次

C．可作为常开和常闭触点反复使用

D．只能使用一次

4．若两个常开触点串联，则它们是（ ）关系。

A．逻辑或　B．逻辑与　C．逻辑非　D．逻辑与非

5．以下不属于 PLC 工作过程的是（ ）。

A．读取输入　B．写入输出　C．程序编译　D．处理通信请求

6．S7-200 SMART 系列 PLC 扫描周期的第一个阶段是（ ）。

A．执行 CPU 自诊断　B．执行用户程序

C．读取输入　D．处理通信请求

7．S7-200 SMART 系列 PLC 扫描周期的最后一个阶段是（ ）。

A．读取输入　B．执行用户程序　C．写入输出　D．处理通信请求

8．通常 I/O 点数是根据被控对象输入、输出信号的实际需要，再加上（ ）的余量来确定。

A．5%～10%　B．10%～15%　C．20%～25%　D．25%～30%

9．在选择数字量输出模块时，应考虑同时接通的输出点数量不要超出同一公共端输出点数量的（ ）。

A．20%　B．40%　C．60%　D．80%

10．关于 PLC 机型的选择，以下选项错误的是（ ）。

A．要选择合理的结构形式

B．要考虑响应速度的要求

C．要考虑系统可靠性的要求

D．对于同一企业，机型选择应尽量不同

四、简答题

1．简述 RAM 的特点。

2．举例说明常见的 PLC 输入设备和输出设备。

3．简述 PLC 的两种工作模式及其特点。

4．简述 PLC 的两种结构形式及其特点。

5．简述 PLC 电源模块选择的考虑因素。

6．简述 PLC 存储容量需求的估算方法。

五、技能题

现有一套电气控制设备，需要用到一台 PLC 的小型机，要求通过按钮、行程开关、接近开关、光电开关等开关量输入信号控制继电器、接触器、电磁阀等开关量输出信号，无其他特殊功能要求。经统计，输入信号共 16 个，输出信号共 14 个，试根据控制要求进行 PLC 机型的选择（限于 S7-200 SMART 系列 PLC，不考虑增加扩展模块）。

任务2　可编程序控制器硬件安装与接线

一、填空题（将正确的答案填写在横线上）

1. 在 PLC 控制系统中，各种按钮、行程开关、传感器等主令电器接到 PLC__________接线端子和__________端子 1M 之间，继电器、接触器、电磁阀等输出设备接到 PLC__________接线端子和__________端子之间。

2. S7-200 SMART CPU 模块面板的左上方有一个__________通信端口，面板左下侧有一个用于串口通信的__________通信端口。

3. S7-200 SMART 标准型 CPU 模块支持 SB CM01 信号板（端口 1），该信号板可以通过 STEP 7-Micro/WIN SMART 编程软件组态为__________通信端口或__________通信端口。

4. S7-200 SMART 标准型 CPU 模块的 LED 状态指示灯包括__________状态指示灯、__________状态指示灯、__________状态指示灯和以太网状态指示灯。

5. S7-200 SMART 标准型 CPU 模块面板左上侧有两个以太网状态指示灯（__________和Rx/Tx），分别用来指示以太网的连接状态和发送/接收状态。当以太网的物理连接成功时，__________指示灯持续点亮。

6. PLC 输入电路的主要元件是光电耦合器，具有__________作用。光电耦合器一般由__________和__________组成，其输入端为__________，输出端为__________，通过电—光—电转换传递信号。

7. S7-200 SMART CPU 模块的数字量输出电路的功率元件有__________和__________两种。

8. S7-200 SMART 系列 PLC 可采用__________或__________方式安装在__________或标准 DIN 导轨上。

9. 水平安装 S7-200 SMART 系列 PLC 时，CPU 模块在所有扩展模块的________侧；垂直安装时，CPU 模块在所有扩展模块的________方。

二、判断题（正确的在括号内打"√"，错误的在括号内打"×"）

1. 为了保护 PLC 输出点，建议先使用中间继电器转换，再接感性负载。（　　）

2. S7-200 SMART CPU 模块不能为外部传感器提供 DC 24 V 电源。（　　）

3. 如果系统输出量的变化不是很频繁，建议优先选用继电器输出型 CPU 模块。（　　）

4. 当不连接以太网电缆时，CPU 模块上的两个以太网状态指示灯 LINK 和 Rx/Tx 均熄灭。（　　）

5. PLC 的输入接口上连接的设备主要是鼠标、键盘等。（　　）

6. CPU SR60 模块的输入点共有 36 个，1L 是同一组输入点各内部输入电路的公共点。（　　）

7. 垂直安装时允许的最高环境温度比水平安装时低 10 ℃，因此建议尽量选择水平安装方式来安装 PLC。（　　）

8. 将抑制电路与感性负载配合使用，可以在控制输出断开时限制电压升高。（　　）

三、选择题（将正确答案的序号填入括号中）

1．西门子 PLC 漏型输入电路的电流从模块的信号输入端（　　），从模块内部输入电路的公共点 1M 端（　　）。

A．流入，流入　　B．流出，流出

C．流出，流入　　D．流入，流出

2．S7-200 SMART CPU 模块的每个继电器输出点的额定电流为（　　）A。

A．0.5　　B．0.75　　C．1　　D．2

3．S7-200 SMART 系列 PLC 场效应晶体管输出电路中每个输出点的额定电流为（　　）A。

A．0.5　　B．0.75　　C．1　　D．2

4．在安装 S7-200 SMART 系列 PLC 时，PLC 的模块前端与机柜内壁间至少应留出（　　）mm 的深度。

A．15　　B．25　　C．35　　D．75

5．交流电源电压不能超过 PLC 电压的允许范围 AC（　　）V。

A．24～220　　B．85～264　　C．220～350　　D．24～380

6．直流电源电压不能超过 PLC 电压的允许范围 DC（　　）V。

A．10.4～13.8　　B．14.4～18.8　　C．20.4～28.8　　D．30.4～38.8

四、简答题

1．简述 PLC 继电器输出电路和场效应晶体管输出电路的优缺点。

2．使用 S7-200 SMART CPU 模块时，标识 AC/DC/Relay 和 DC/DC/DC 的含义分别是什么？

3．简述 PLC 数字量输入电路的工作原理。

五、技能题

1．有一台 S7-200 SMART CPU SR60 模块，输入端为一个三线制 PNP 型接近开关和一个二线制接近开关，试画出 CPU 外部输入接线图。

2．有一台 S7-200 SMART CPU SR60 模块，控制一个 DC 24 V 的电磁阀和一个 AC 220 V 的电磁阀，试画出 CPU 外部输出接线图。

3．有一台 S7-200 SMART CPU ST60 模块，控制两台步进电动机和一台三相异步电动机的启 / 停，三相异步电动机的启 / 停由一个接触器控制，接触器的线圈电压为 AC 220 V，试画出 CPU 外部输出接线图（步进电动机部分的接线可以省略）。

任务 3　可编程序控制器编程软件的使用

一、填空题（将正确的答案填写在横线上）

1．S7-200 SMART CPU 的控制程序由__________、__________和______________组成。

2．S7-200 SMART 系列 PLC 的存储单元有__________、__________、__________和__________四种编址方式。

3．位编址由__________________、__________、__________和__________四部分组成。

4．IB0 中的 I 是____________________，B 是按字节编址，0 是__________。

5．VW50 中的 V 是____________________，W 是按字编址，50 是__________________；VW50 表示__________和__________两个字节组成的字，其中__________是高有效字节。

6．STEP 7- Micro/WIN SMART V 2.7 编程软件的菜单栏共有__________、__________、__________、__________、__________、__________和__________七个选项。

7．STEP 7- Micro/WIN SMART V 2.7 编程软件的项目树上方的导航栏包含__________、______________、__________、__________、______________、__________六个按钮。

8．STEP 7- Micro/WIN SMART V 2.7 编程软件提供了____________、____________和__________三个程序编辑器。

9．使用标准的以太网电缆进行计算机与 CPU 模块之间的硬件连接时，将以太网电缆一端的 RJ-45 接头插入 CPU 模块的__________通信端口，再将以太网电缆另一端的 RJ-45 接头插入计算机的__________端口。

10．S7-200 SMART CPU 默认的 IP 地址为_______________，默认的子网掩码为__________________。

二、判断题（正确的在括号内打“√”，错误的在括号内打“×”）

1．在主程序中可以调用子程序。（　　）

2．中断程序不是由用户程序调用，而是当中断事件发生时由操作系统调用。（　　）

3．位编址的编号范围与 CPU 的型号无关。（　　）

4．“文件”菜单功能区包括 STL、LAD、FBD 等操作。（　　）

5．“PLC”菜单功能区包括新建、打开、关闭、保存等操作。（　　）

6．“视图”菜单功能区包括粘贴、剪切、复制、撤销等操作。（　　）

7．“编辑”菜单功能区包括编译、上传、下载等操作。（　　）

8．符号表中不同的符号不能使用同一个地址。（　　）

9．如果下载时 PLC 处于 RUN 模式，将会自动切换到 STOP 模式，下载结束后自动切换回 RUN 模式。（　　）

10． 执行强制操作后，CPU 模块上的 RUN 指示灯以 1 Hz 的频率闪烁。（　　）

三、选择题（将正确答案的序号填入括号中）

1．PLC 的一个字包含（　　）位二进制数。

A．1　　B．8　　C．16　　D．32

2．以下数据类型占据存储空间最大的是（　　）。

A．位　　B．字节　　C．字　　D．双字

3．二进制数 1011101 等于十进制数（　　）。

A．92　　B．93　　C．94　　D．95

4．双字编址 VD8 中，（　　）是最高有效字节。

A．VB8　　B．VB9　　C．VB10　　D．VB11

5．（　　）是 MD100 中最低的 8 位对应的字节。

A．MB100　　B．MB101　　C．MB102　　D．MB103

6．以下（　　）属于字节寻址。

A．VB10　　B．VW10　　C．ID4　　D．I0.2

7．只能使用字寻址方式来存取信息的寄存器是（　　）。

A．S　　B．I　　C．HC　　D．AI

8．以下（　　）属于双字寻址。

A．QW1　　B．V10　　C．IB0　　D．MD28

9．WORD 是 16 位（　　）符号数，INT 是 16 位（　　）符号数。

A．无，无　　B．无，有　　C．有，无　　D．有，有

四、简答题

1．简述 S7-200 SMART 系列 PLC 编程元件的种类。

2．简述硬件组态的任务。

3．简述查询个人计算机使用的以太网网卡的操作步骤。

4．在 STEP 7-Micro/WIN SMART 软件中，“全部编译”和“编译”的区别是什么？

5．简述切换 CPU 工作模式的方法。

6．简述梯形图的程序状态监控的优点。

五、技能题

图 1-3-1 所示为三只单极开关控制两盏灯的电路图。其中，SA1～SA3 均为单极开关。要求利用 PLC 设计三只单极开关控制两盏灯的电路，并进行安装与调试。控制要求如下：

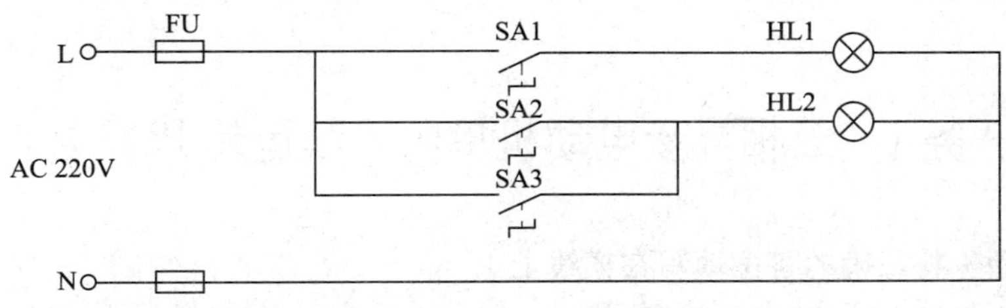

图 1-3-1 三只单极开关控制两盏灯的电路图

（1）当开关 SA1 闭合时，指示灯 HL1 点亮，反之则熄灭；当开关 SA2 或 SA3 闭合时，指示灯 HL2 点亮；当开关 SA2 和 SA3 都断开时，指示灯 HL2 熄灭。

（2）具有短路保护、过载等必要的保护措施。

课题二　基本控制指令应用

任务 1　三相异步电动机单向连续运转 PLC 控制

一、填空题（将正确的答案填写在横线上）

1．从左母线取常开触点，要使用__________指令；从左母线取常闭触点，要使用__________指令。

2．单个常开触点的串联连接，要使用__________指令；单个常闭触点的串联连接，要使用__________指令。

3．单个常开触点的并联连接，要使用__________指令；单个常闭触点的并联连接，要使用__________指令。

4．LD 指令和 LDN 指令的操作数有 I、Q、______、______、______、______、V、S、L。

5．将从指令操作数指定的位地址 M0.2 开始的连续 3 个元件都置位并保持，则梯形图形式表示为__________，语句表形式表示为______________。

6．将从指令操作数指定的位地址 Q0.3 开始的连续 5 个元件都复位并保持，则梯形图形式表示为__________，语句表形式表示为______________。

7．PLC 运行时始终保持 ON 状态的特殊辅助继电器是__________；在第一个扫描周期接通，常用于调用初始化程序的特殊辅助继电器是__________。

8．特殊辅助继电器________产生周期为 1 min 的时钟脉冲，特殊辅助继电器________产生周期为 1 s 的时钟脉冲。

9．梯形图的每一行都是从______母线开始，线圈接在______母线上。

10．线圈不能直接与______母线相连，即______母线与线圈之间一定要有触点。

二、判断题（正确的在括号内打“√”，错误的在括号内打“×”）

1．=指令不能用于输入继电器。（　　）

2．在梯形图中，可以多次使用输入继电器的常开触点和常闭触点。（　　）

3．在梯形图中，可以多次使用输出继电器的常开触点和常闭触点。（　　）

4．置位指令在使能输入有效后，对从起始位开始的 N 位置 1 但不保持。（　　）

5．语句 S Q0.0, 32 能将 Q0.0～Q3.7 成批置位。（　　）

6．存储区的一位或多位被置位后，无法自动复位。（　　）

7．同一元件只能使用 S/R 指令各一次。（　　）

8．在程序中对同一元件同时使用 S/R 指令时，这两条指令的先后顺序不会影响控制结果。（　　）

9．在梯形图中，S/R 指令要放在逻辑串的中间，而不能放在逻辑串的最右端。（　　）

10．触点不能放在线圈的右边，即线圈与右母线之间不能有任何触点。（　　）

三、选择题（将正确答案的序号填入括号中）

1．PLC 中的（　　）专门用来接收外部用户输入设备发来的输入信号，其线圈只能由外部输入信号驱动。

A．输入继电器　　B．输出继电器　　C．辅助继电器　　D．计数器

2．PLC 中的（　　）用来控制外部负载，只能由程序指令驱动，外部信号无法驱动。

A．输入继电器　　B．输出继电器　　C．辅助继电器　　D．计数器

3．PLC 中有许多辅助继电器，其作用相当于继电器控制系统中的（　　）。

A．接触器　　B．中间继电器　　C．熔断器　　D．时间继电器

4．复位指令的数据类型是（　　）。

A．字节　　B．位　　C．字　　D．双字

5．在执行输出指令时，PLC 将输出值存放到（　　）中。

A．过程映像输出寄存器　　B．变量寄存器

C．内部寄存器　　D．过程映像输入寄存器

6．S7-200 SMART 系列 PLC 的置位指令是（　　）。

A．S　　B．R　　C．SET　　D．RST

7．置位 / 复位指令中，被置位线圈的数目 N 的取值范围为（　　）。

A．1～16　　B．1～32　　C．1～64　　D．1～255

8．关于 PLC 梯形图，以下说法正确的是（　　）。

A．一般情况下，同一线圈可以出现多次

B．梯形图的执行顺序为从右到左、从上到下

C．梯形图中的触点可以串联或并联

D．梯形图中的继电器线圈可以串联或并联

四、简答题

1．简述 I0.5 和 QB1 的含义。

2．简述 PLC 并行输出与纵接输出的区别。

3．简述 S/R 指令的使用注意事项。

4．简述双线圈输出的含义。

5．简述多个串联电路并联和多个并联电路串联情况下梯形图的编制原则。

五、编程题

1．设计满足图 2-1-1 所示时序图的梯形图。

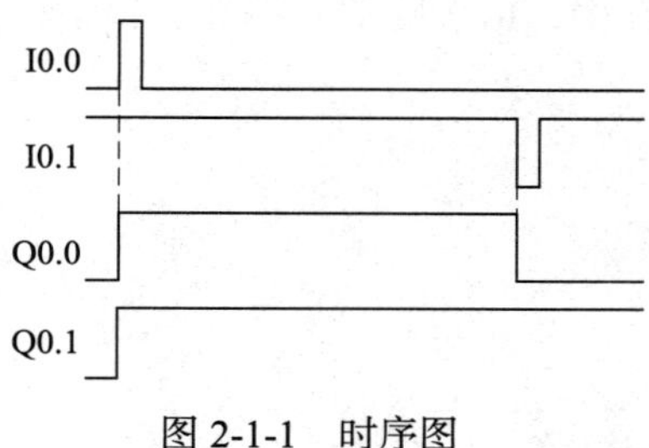

图 2-1-1　时序图

2．根据图 2-1-2 所示梯形图及 I0.0 的波形，画出其他软继电器的波形图。

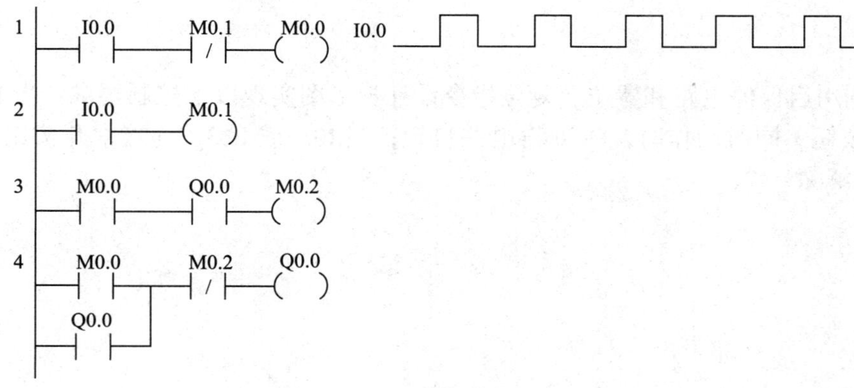

图 2-1-2　梯形图

3．将图 2-1-3 所示梯形图用置位 / 复位指令编程。其中，I0.0、I0.1 和 I0.2 均接常开按钮。

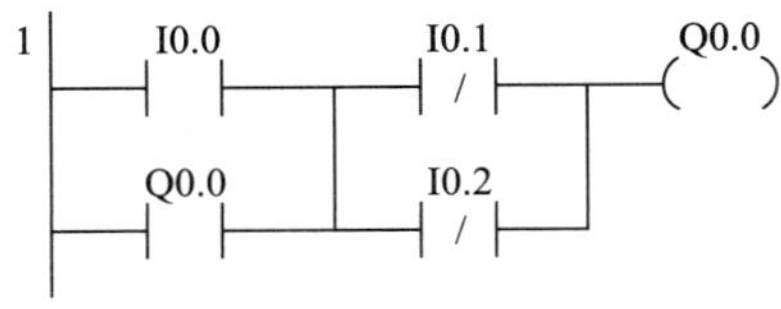

图 2-1-3　梯形图

4．将图 2-1-4 所示梯形图用置位 / 复位指令编程。其中，I0.0 接常开按钮，I0.1 和 I0.2 接常闭按钮。

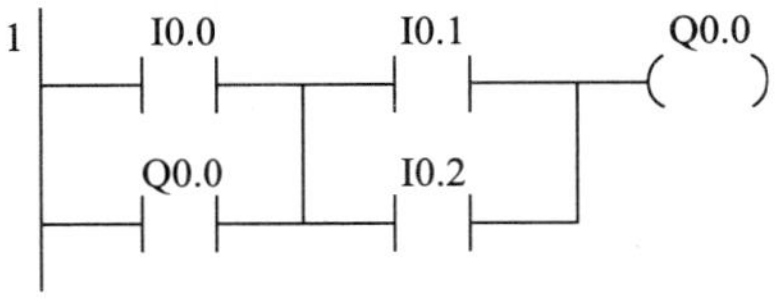

1
I0.0　I0.1　Q0.0
Q0.0　I0.2

图 2-1-4　梯形图

5．分别用启保停电路和置位 / 复位指令设计梯形图实现以下控制要求：当 I0.0 和 I0.1（均接常开按钮）同时动作时，Q0.0 得电并自锁；当 I0.2 或 I0.3（均接常开按钮）动作时，Q0.0 断电并解除自锁。

6．利用 PLC 设计抢答器程序，具体控制要求如下：

（1）有三个抢答席和一个主持人席，每个抢答席上各有一个抢答按钮和一盏抢答指示灯。参赛者在允许抢答后，第一个按下抢答按钮者对应的抢答指示灯点亮，且释放抢答按钮后，指示灯仍然点亮；此后，另外两个抢答者即使按下各自的抢答按钮，其抢答指示灯也不会点亮。该题抢答结束后，主持人按下主持席上的复位按钮（常闭按钮），抢答指示灯熄灭，又可以进行下一题的抢答。

（2）本控制系统设有四个按钮，其中三个常开按钮分别为 SB1、SB2、SB3，一个常闭按钮为 SB0。控制对象为三盏抢答指示灯，分别为 HL1、HL2、HL3。

7．某组合机床动力头的工作循环如图 2-1-5 所示，电磁阀线圈动作状态见表 2-1-1。在原位时，SQ1 被压合，这时按下启动按钮 SB，电磁阀 YV1 工作，动力头向右快速进给（简称快进）；快进到 SQ2 位置，SQ2 动作，电磁阀 YV1 和电磁阀 YV2 工作，变为工作进给（简称工进）；工进到压力继电器 BP 位置，压力继电器 BP 动作，电磁阀 YV3 工作，动力头快速退回（简称快退）；快退到原位，SQ1 动作，动力头自动停止工作。要求使用置位 / 复位指令编写程序。

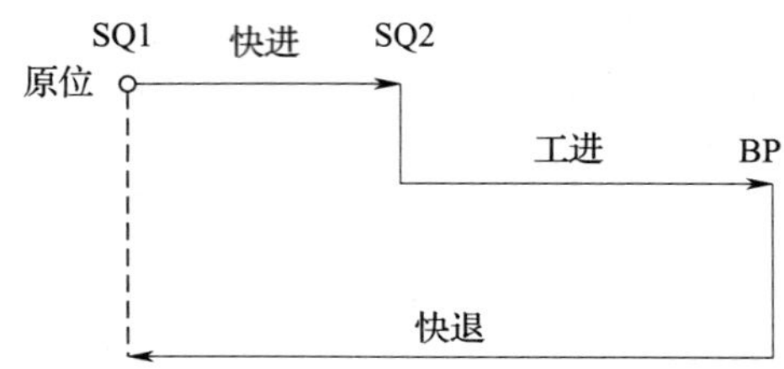

图 2-1-5　组合机床动力头的工作循环图

表 2-1-1　　电磁阀线圈动作状态（“+”表示电磁阀线圈通电）

工作位置	YV1（快进电磁阀）	YV2（工进电磁阀）	YV3（快退电磁阀）
原位	−	−	−
快进	+	−	−
工进	+	+	−
快退	−	−	+

六、技能题（可另附页）

1．将图 2-1-6 所示的传统继电器控制方式改为 PLC 控制方式，完成三相异步电动机两地连续运行 PLC 控制线路的设计、安装和调试。控制要求如下：

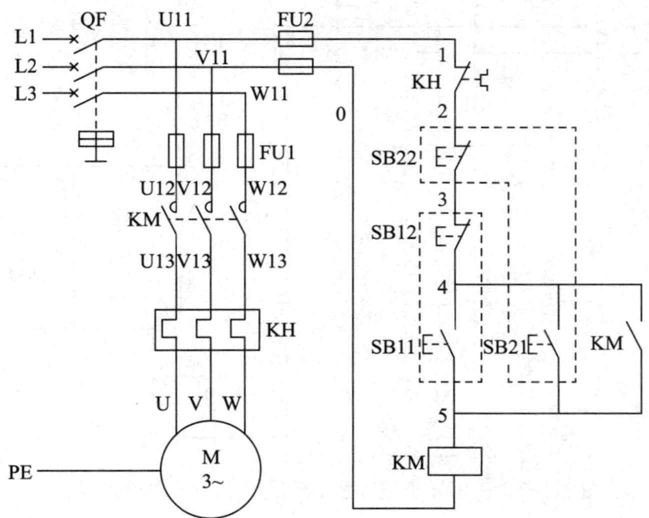

图 2-1-6　三相异步电动机两地连续运行控制线路图

（1）当按下甲地启动按钮 SB11 或乙地启动按钮 SB21 时，电动机启动连续运行；当按下甲地停止按钮 SB12 或乙地停止按钮 SB22 时，电动机停止运行。

（2）具有短路、过载保护等必要的保护措施。

2．将图 2-1-7 所示的传统继电器控制方式改为 PLC 控制方式，完成三相异步电动机点动与连续运行 PLC 控制线路的设计、安装和调试。控制要求如下：

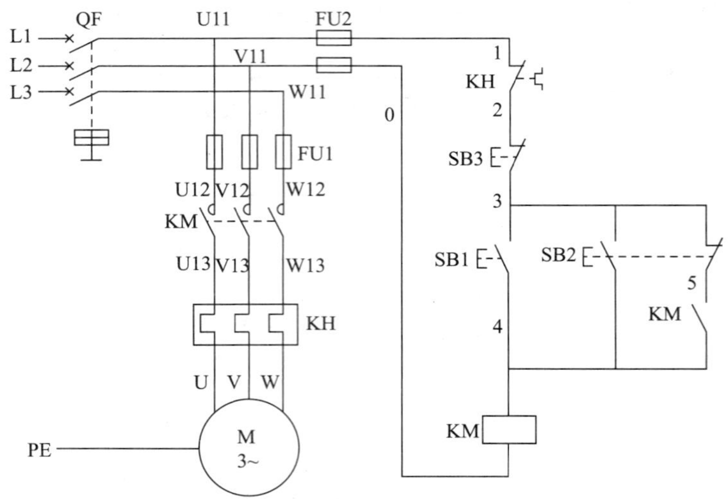

图 2-1-7　三相异步电动机点动与连续运行控制线路图

（1）当按下启动按钮 SB1 时，电动机启动连续运行；当按下点动按钮 SB2 时，电动机点动运行；当按下停止按钮 SB3 或热继电器 KH 动作时，电动机停止运行。

（2）具有短路、过载保护等必要的保护措施。

任务2　三相异步电动机正反转PLC控制

一、填空题（将正确的答案填写在横线上）

1．S7-200 SMART 系列 PLC 的逻辑堆栈是由______个堆栈位存储器组成的串联堆栈。

2．逻辑堆栈的操作原则是________________，________________。

3．S7-200 SMART 系列 PLC 的逻辑堆栈指令包括__________、__________、__________、__________、__________、__________和__________指令。

4．两个或两个以上触点串联连接的电路称为________________，两个或两个以上触点并联连接的电路称为________________。

5．并联电路块与前面电路串联连接时，使用__________指令。分支的起点用________________指令，并联电路块结束后使用__________指令与前面电路串联。

6．并联连接几个串联支路时，每个串联支路的起点以______________指令开始，每个串联支路结束后用__________指令完成串联电路块的并联。

7．LPS 指令用于复制新母线左侧原来的主逻辑块的逻辑运算结果并将这个结果置于__________，原堆栈中各级栈值依次__________一级。

8．LPS、LRD 和 LPP 指令均无操作数，其中______和______指令必须成对使用。

二、判断题（正确的在括号内打“√”，错误的在括号内打“×”）

1．与装载指令将堆栈中的第一级和第二级中的数值进行逻辑与操作，结果置于栈顶。（　　）

2．或装载指令将堆栈中的第一级和第二级中的数值进行逻辑或操作，结果置于栈顶。（　　）

3．执行逻辑进栈指令使堆栈深度减 1。（　　）

4．执行逻辑出栈指令使堆栈深度加 1。（　　）

5．可以用写入数值功能改写物理输入点（I 和 AI）的状态。（　　）

6．当 PLC 处于 RUN 模式时，因为用户程序的执行，写入的数值可能很快被程序改写为新的数值。（　　）

三、选择题（将正确答案的序号填入括号中）

1．在逻辑堆栈指令中，（　　）是逻辑进栈指令。

A．LPS　　B．LRD　　C．LDS　　D．LPP

2．在逻辑堆栈指令中，（　　）是逻辑读栈指令。

A．LPS　　B．LRD　　C．LDS　　D．LPP

3．在逻辑堆栈指令中，（　　）是逻辑出栈指令。

A．LPS　　B．LRD　　C．LDS　　D．LPP

4．① LD；② LDN；③ A；④ AN；⑤ O；⑥ ON 中应用于常开触点的指令有（　　）。

A．①③⑤　　B．②④⑥　　C．①③⑥　　D．②④

5．① LD；② LDN；③ A；④ AN；⑤ O；⑥ ON 中应用于常闭触点的指令有（　　）。

A．①③⑤　　B．②④⑥　　C．①③　　D．②④⑤

6．① A；② AN；③ ALD；④ OLD；⑤ O；⑥ ON 中属于串联指令的有（　　）。

A．①②③　　B．④⑤⑥　　C．①③⑤　　D．②④⑥

7．① A；② AN；③ ALD；④ OLD；⑤ O；⑥ ON 中属于并联指令的有（　　）。

A．①②③　　B．④⑤⑥　　C．①③⑤　　D．②④⑥

四、简答题

1．在设计电动机正反转 PLC 控制系统时，应如何保证互锁控制?

2．简述写入数值与强制数据的区别。

五、编程题

1．根据表 2-2-1 中的梯形图编写语句表。

表 2-2-1　　根据梯形图编写语句表

梯形图	语句表
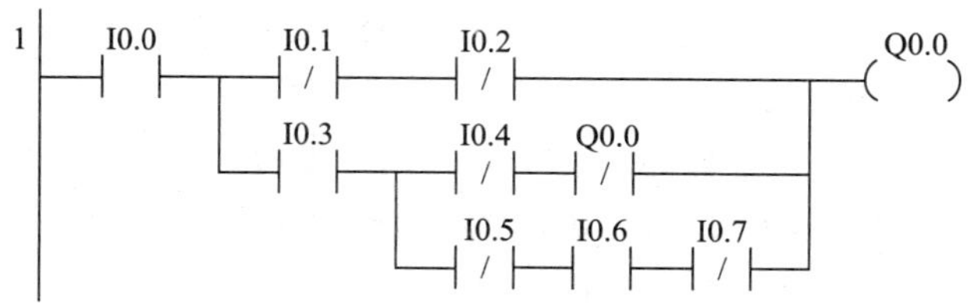 1 (梯形图：I0.0 常开触点串联并联块——I0.1 常闭、I0.2 常闭串联支路，与 I0.3 常开串联(I0.4 常闭、Q0.0 常闭串联支路 并联 I0.5 常闭、I0.6 常开、I0.7 常闭串联支路)的支路并联——驱动线圈 Q0.0)	

续表

梯形图	语句表
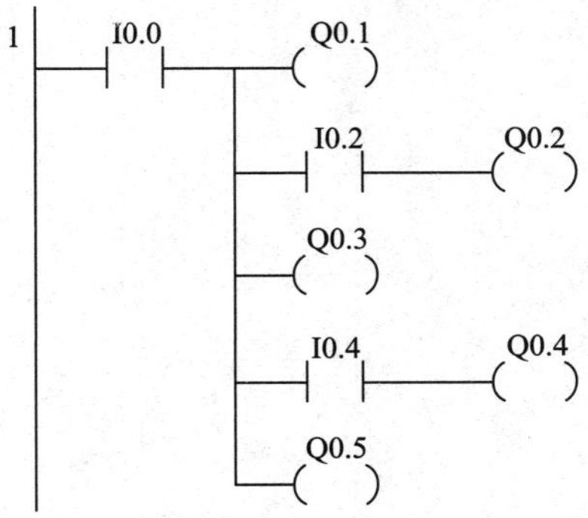 1 I0.0 Q0.1 I0.2 Q0.2 Q0.3 I0.4 Q0.4 Q0.5	
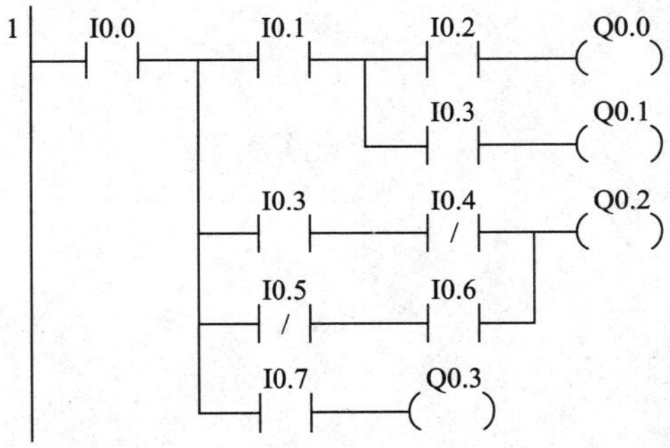 1 I0.0 I0.1 I0.2 Q0.0 I0.3 Q0.1 I0.3 I0.4 Q0.2 I0.5 I0.6 I0.7 Q0.3	

2．根据表 2-2-2 中的语句表画出梯形图。

表 2-2-2　　根据语句表画出梯形图

语句表		梯形图
LD	I0.0	
O	I0.1	
LD	I0.2	
A	I0.3	
LD	I0.4	
AN	I0.5	
OLD		
O	I0.6	
ALD		
ON	I0.7	
=	Q0.0	

续表

语句表	梯形图
LD I0.0 LPS AN I0.1 = Q0.1 LRD A I0.2 = Q0.2 LRD = Q0.3 LRD A I0.4 = Q0.4 LPP = Q0.5	
LD I0.0 O I0.1 AN I0.2 LPS A I0.3 AN Q0.1 = Q0.0 LRD LD I0.4 A I0.5 ON Q0.0 ALD AN I0.7 = Q0.1 LPP AN Q0.1 LDN I1.0 O I1.2 ALD = Q0.2	

3．分别用启保停电路和置位 / 复位指令设计两台电动机顺序启动、同时停止的 PLC 梯形图，控制要求如下：

（1）启动时，电动机 M1 先启动，M2 才能启动。

（2）停止时，M1、M2 同时停止。

4．分别用启保停电路和置位／复位指令设计两台电动机同时启动、逆序停止的 PLC 梯形图，控制要求如下：

（1）启动时，电动机 M1 和 M2 同时启动。

（2）停止时，电动机 M2 先停止，电动机 M1 才能停止。

5．用置位／复位指令设计三台电动机顺序启动、逆序停止的 PLC 控制梯形图，控制要求如下：

（1）按下启动按钮 I0.0 后，电动机按顺序启动（M1 先启动，之后 M2 启动，最后 M3 启动）。

（2）按下停止按钮 I0.1 后，电动机按逆序停止（M3 先停止，之后 M2 停止，最后 M1 停止）。

六、技能题（可另附页）

1．图 2-2-1 所示为两台电动机顺序启动联锁控制的继电器控制线路图。试分别用标准触点指令和置位／复位指令设计 PLC 控制梯形图，并完成控制线路的设计、安装和调试。

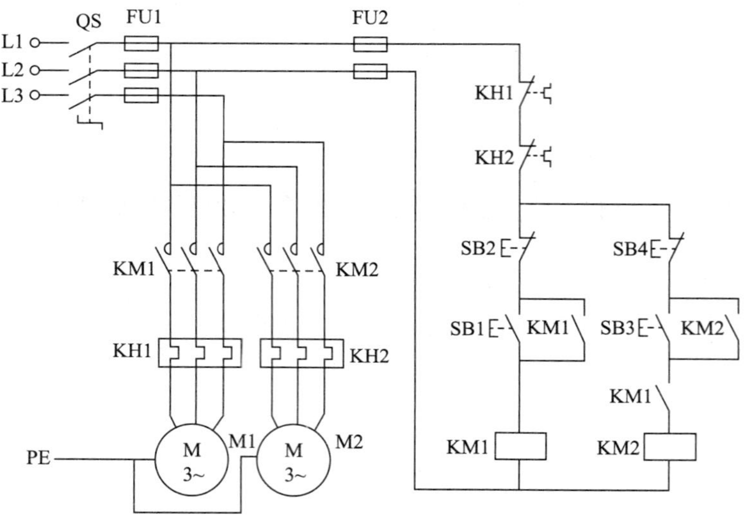

图 2-2-1　两台电动机顺序启动联锁控制线路图

2．将图 2-2-2 所示的传统继电器控制方式改为 PLC 控制方式，完成工作台自动往返运动 PLC 控制线路的设计、安装和调试。

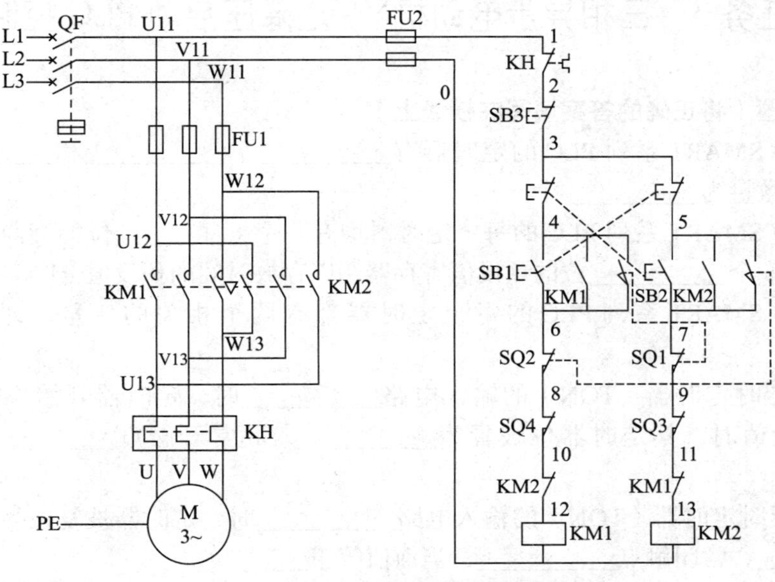

图 2-2-2　工作台自动往返运动控制线路图

任务 3　三相异步电动机Y-△降压启动 PLC 控制

一、填空题（将正确的答案填写在横线上）

1．S7-200 SMART 系列 PLC 的定时器有__________、__________和__________三种类型，定时器的数量为__________个。

2．S7-200 SMART 系列 PLC 的每个定时器均有一个__________位的当前值寄存器用以存放当前值，一个__________位的预设值寄存器用以存放时间的预设值 PT。

3．S7-200 SMART 系列 PLC 的每个定时器都有两个相关的变量，即__________和__________。

4．接通延时定时器（TON）的输入电路__________时，定时器开始计时，当前值大于或等于预设值时，其定时器位被置为__________，其常开触点__________，常闭触点__________。

5．接通延时定时器（TON）的输入电路__________时，定时器被复位，复位后其常开触点__________，常闭触点__________，当前值等于______。

6．继电器电路图是一个纯粹的硬件电路图，将它改为 PLC 控制时，需要用 PLC 的__________________和__________来等效继电器电路图。

7．构建状态图表时，如果将定时器或计数器的格式设为__________，则“当前值”列会显示定时器或计数器指令的输出状态（2#0 或 2#1）；如果将定时器或计数器的格式设为___________，则“当前值”列会显示定时器或计数器的当前值。

8．打开状态图表，单击“状态图表”工具栏中的__________按钮▶，才能启动状态图表的监控功能，采集和查看状态信息。

二、判断题（正确的在括号内打“√”，错误的在括号内打“×”）

1．定时器计时的过程就是对时基脉冲进行增 1 计数的过程。（　　）

2．定时器定时时间的长短取决于定时器的分辨率和预设值。（　　）

3．接通延时定时器的使能端输入无效时，定时器并不复位，而是保持原值。（　　）

4．断开延时定时器的使能端输入有效时，定时器状态位立即置 1，并将当前值清 0；当使能端断开时，定时器开始计时，当前值等于预设值时，定时器状态位复位置 0，并停止计时。（　　）

5．S7-200 SMART 系列 PLC 的定时器有 1 ms、10 ms、100 ms 三种分辨率。（　　）

6．如果用复位指令复位定时器 T，会使相应定时器位被置为 0，定时器的当前值变为 0。（　　）

7．在同一个程序中，可以同时使用 TON 37 和 TOF 37。（　　）

8．启动趋势视图后，单击工具栏中的“暂停图表”按钮，可以冻结趋势视图。（　　）

三、选择题（将正确答案的序号填入括号中）

1．定时器 T37 的最大预设值为（　　）。

A．64　　B．128　　C．256　　D．32 767

2．S7-200 SMART 系列 PLC 定时器的地址范围为（　　）。

A．T0～T255　　B．T1～T256　　C．T0～T511　　D．T1～T512

3．定时器 T63 的预设值为 100，则该定时器的定时时间为（　　）。

A．100 ms　　B．1 s　　C．10 s　　D．100 s

4．如果需要的定时时间为 30 s，并选择定时器 T101，则该定时器的预设值应为（　　）。

A．3　　B．30　　C．300　　D．3 000

5．S7-200 SMART 系列 PLC 的 T32 是（　　）。

A．1 ms 定时器　　B．10 ms 定时器

C．100 ms 定时器　　D．1 s 定时器

四、简答题

1．简述定时器指令的使用注意事项。

2．简述根据继电器电路图设计 PLC 梯形图的步骤。

3．简述用状态图表调试程序的优势。

五、编程题

1．根据表 2-3-1 中的梯形图编写语句表。

表 2-3-1　　根据梯形图编写语句表

梯形图	语句表
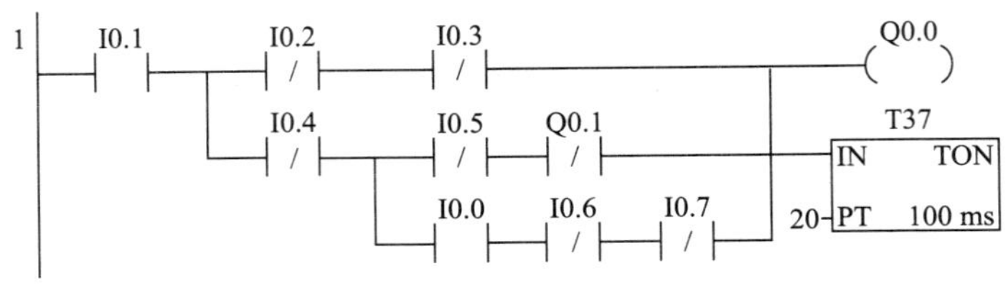 1 I0.1 I0.2 I0.3 Q0.0 I0.4 I0.5 Q0.1 T37 IN TON I0.0 I0.6 I0.7 20-PT 100 ms	
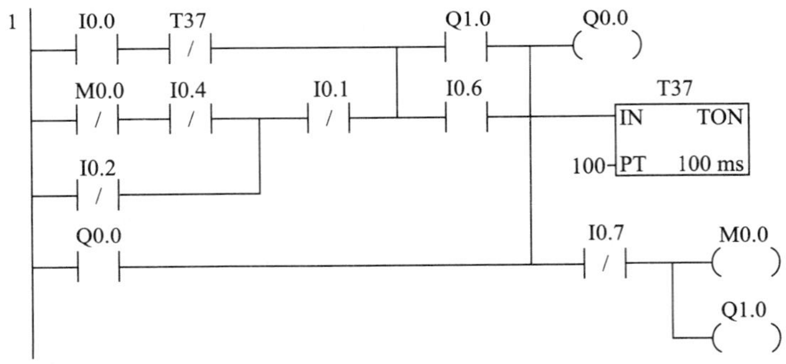 1 I0.0 T37 Q1.0 Q0.0 M0.0 I0.4 I0.1 I0.6 T37 IN TON I0.2 100-PT 100 ms Q0.0 I0.7 M0.0 Q1.0	

2．根据表 2-3-2 中的语句表画出梯形图。

表 2-3-2　　根据语句表画出梯形图

语句表	梯形图
LD　　I0.1 AN　　I0.0 LPS AN　　I0.2 LPS A　　I0.4 =　　Q2.1 LPP A　　I0.6 R　　Q0.3, 1 LRD A　　I0.5 =　　M0.6 LPP AN　　I0.4 TON　　T37, 30	
LDN　　I0.0 A　　I0.1 LD　　I0.3 AN　　I0.5 OLD LD　　I0.2 A　　I0.4 LDN　　I0.6 AN　　I0.7 OLD ALD =　　Q0.0 LD　　I0.0 AN　　T12 TONR　　T12, 150	

3．分析图 2-3-1a 所示的梯形图，并根据给定信号 I0.0 的时序图，画出定时器 T33 的状态位（定时器位）和输出信号 Q0.0 的时序图。

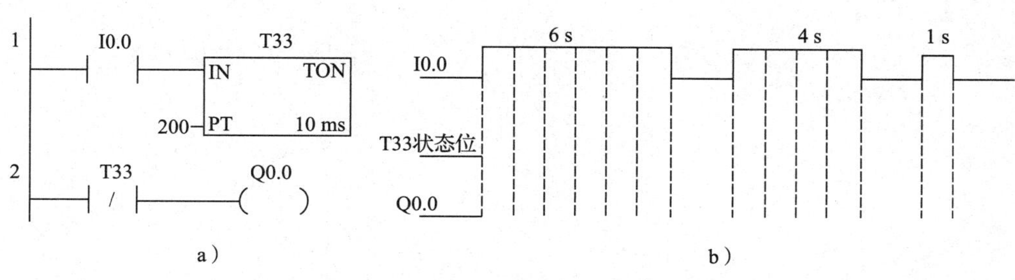

图 2-3-1　梯形图和时序图

a）梯形图　b）时序图

4．根据图 2-3-2a 所示的梯形图画出输出信号 Q0.1 的时序图。

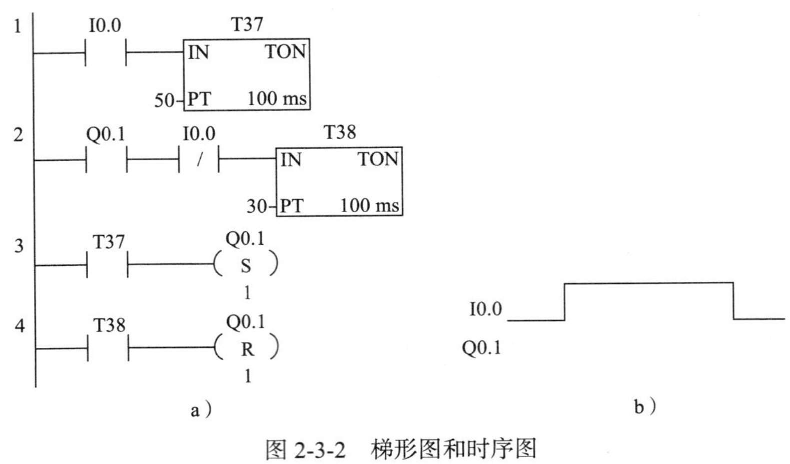

图 2-3-2 梯形图和时序图

a）梯形图 b）时序图

5．设计满足图 2-3-3 所示时序图的梯形图。

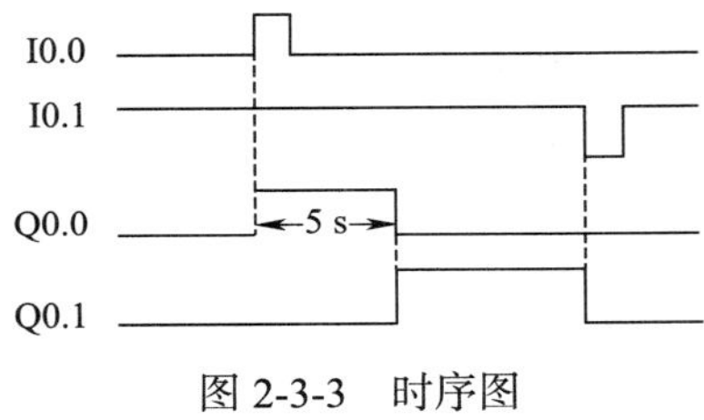

图 2-3-3 时序图

6．分别用启保停电路和置位 / 复位指令设计梯形图实现以下控制要求：当 I0.0（接常开按钮）动作时，Q0.0 得电并自锁，5 s 后 Q0.0 断电并解除自锁。

7. 用 PLC 控制一盏灯，要求按下启动按钮 SB1 后，灯亮 3 s，灭 2 s，并以此规律循环；按下停止按钮 SB2 后，灯熄灭，停止循环。设计实现上述控制要求的梯形图。

8. 图 2-3-4 所示为一台三相异步电动机的工作时序图，画出其对应的梯形图。

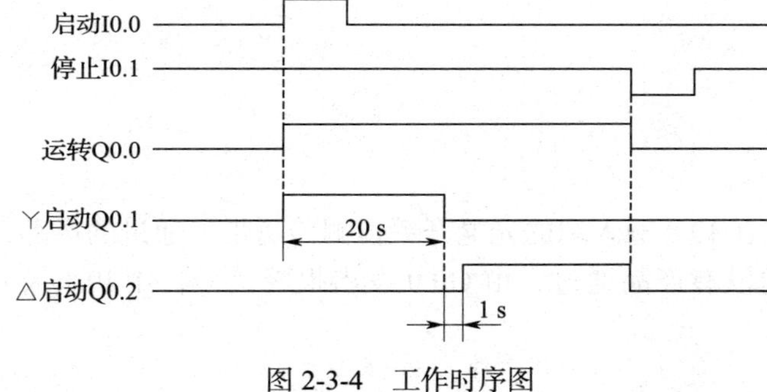

图 2-3-4　工作时序图

9．用 PLC 的置位 / 复位指令设计彩灯的自动控制梯形图程序。控制要求为：按下启动按钮，第一组花样绿灯亮；10 s 后第二组花样蓝灯亮；20 s 后第三组花样红灯亮；30 s 后返回第一组花样绿灯亮。如此循环，并且仅在第三组花样红灯亮 10 s 结束后方可停止循环。

10．设计梯形图程序。要求用接在 I0.0 输入端的光电开关检测传送带上通过的产品，有产品通过时 I0.0 为 ON；如果 10 s 内没有产品通过，由 Q0.0 发出报警信号，用 I0.1 输入端外接的开关可解除报警信号。

六、技能题（可另附页）

1．设计两台三相异步电动机顺序启动、逆序停止的PLC控制线路，并进行安装与调试。控制要求如下：

（1）按下启动按钮SB1，电动机M1先启动，10 s后电动机M2自动启动；按下停止按钮SB2，电动机M2先停止，延时8 s后，电动机M1自动停止。

（2）具有短路、过载保护等必要的保护措施。

2．设计三相异步电动机正反转PLC控制线路，并进行安装与调试。控制要求如下：

（1）按下启动按钮SB1，KM1得电，电动机正转5 s，停止3 s，再反转；电动机反转5 s，停止3 s，再正转，如此循环。

（2）任何时候按下停止按钮SB2，电动机都立即停止并且不再循环运行。

任务 4　声光报警器 PLC 控制

一、填空题（将正确的答案填写在横线上）

1. S7-200 SMART 系列 PLC 的边沿检测器指令包括__________检测器指令和__________检测器指令。

2. 边沿检测器指令在梯形图中以触点形式使用，用于检测脉冲的__________或__________，每检测到一次跳变时，让能流接通__________________。

3. S7-200 SMART 系列 PLC 中上升沿检测器指令的语句表形式为__________，梯形图形式为__________；下降沿检测器指令的语句表形式为__________，梯形图形式为__________。

4. S7-200 SMART 系列 CPU 提供了三种类型的内部计数器，即__________、__________和________________。内部计数器共有__________个，地址编号范围为__________。

5. 每个内部计数器都有__________和______________两个相关的变量。

6. 当增计数器的输入端输入一个脉冲上升沿时，计数器递增计数________次，当前值______。当当前值达到预设值 PV 时，其常开触点__________，常闭触点__________。若复位输入端有效或对计数器执行复位指令，则计数器位被复位，复位后其常闭触点__________，常开触点__________，当前值为__________。

二、判断题（正确的在括号内打“√”，错误的在括号内打“×”）

1. 在梯形图中，执行 EU 指令，每检测到一次正跳变时，让能流接通一个扫描周期。（　　）

2. 在梯形图中，执行 ED 指令，每检测到一次负跳变时，让能流接通一个扫描周期。（　　）

3. EU、ED 指令可以直接与左母线连接。（　　）

4. 计数器的作用是累计其计数脉冲输入端电平由高到低变化的次数。（　　）

5. 在同一个程序中，可以出现两个相同的计数器编号。（　　）

6. 增计数器计数脉冲输入端上升沿有效，减计数器计数脉冲输入端下降沿有效。（　　）

7. 使用计数器时，如果将计数器位的常开触点作为复位输入信号，则可以实现循环计数。（　　）

8. 当增计数器的当前值达到预设值 PV 时，计数器就停止计数。（　　）

三、选择题（将正确答案的序号填入括号中）

1. 图 2-4-1 所示梯形图对应的时序图为（　　）。

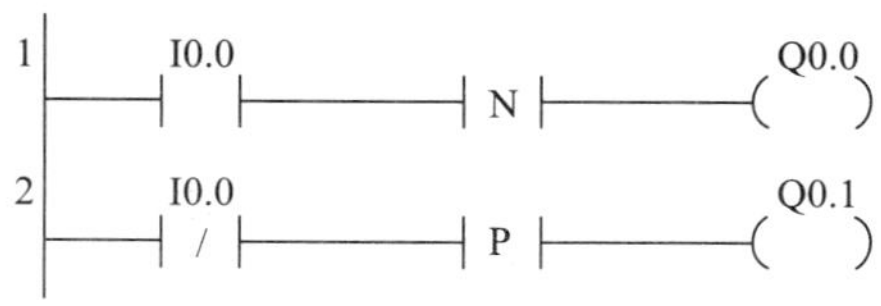

1　I0.0　N　Q0.0
2　I0.0　/　P　Q0.1

图 2-4-1　梯形图

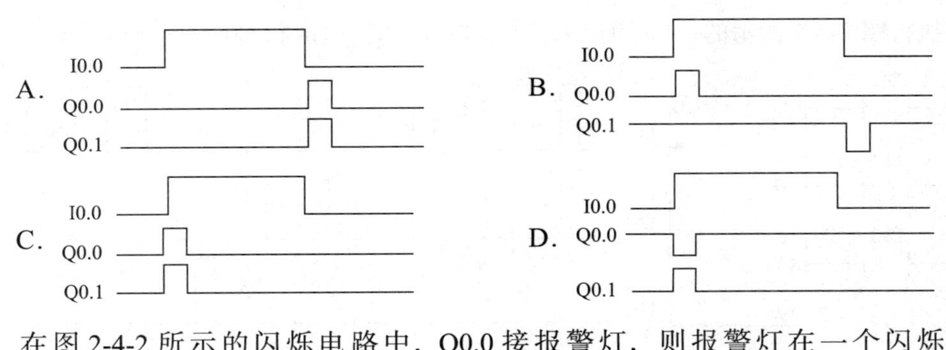

2. 在图 2-4-2 所示的闪烁电路中，Q0.0 接报警灯，则报警灯在一个闪烁周期内亮（　　）s。

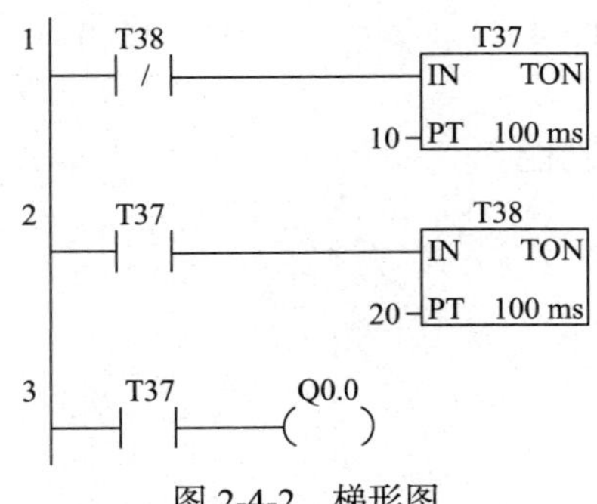

图 2-4-2　梯形图

A．10　　B．20　　C．1　　D．2

3．PLC 的计数器是（　　）。

A．硬件实现的计数继电器　　B．一种输入模块

C．一种定时时钟继电器　　D．软件实现的计数单元

4．增计数器指令为（　　）。

A．CTU　　B．CTUD　　C．CTD　　D．TON

5．减计数器指令为（　　）。

A．CTU　　B．CTUD　　C．CTD　　D．TON

6．S7-200 SMART 系列 PLC 的 C49 的最大预设值为（　　）。

A．64　　B．128　　C．256　　D．32 767

7．PLC 执行下列程序，在 I0.0 置 1（　　）s 后，Q0.0 得电。

```
LD      I0.0
AN      M0.0
TON     T37, 20
LD      T37
=       M0.0
LD      M0.0
LDN     I0.0
CTU     C0, 60
LD      C0
=       Q0.0
```

A．20　　B．60　　C．80　　D．120

8．执行图 2-4-3 所示的一段程序后，计数器 C0 的当前值和 C0 的位分别为（　　）。

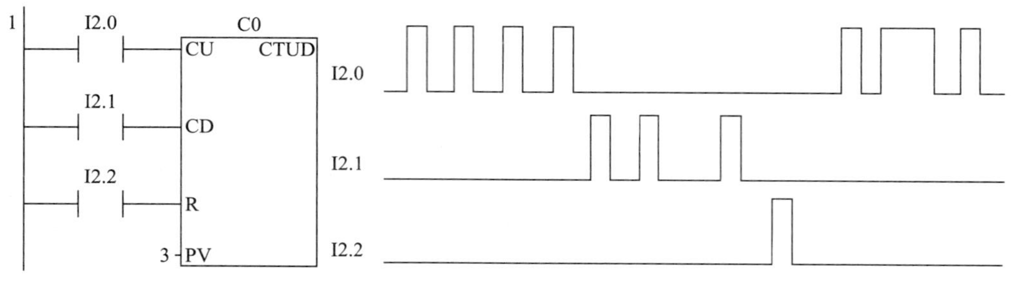

图 2-4-3　梯形图及时序图

A．7，0　　B．4，1　　C．3，0　　D．3，1

四、简答题

1．简述 EU 和 ED 指令的功能。

2．简述 CTU 指令的功能。

3．指出图 2-4-4 所示梯形图中的错误并改正。

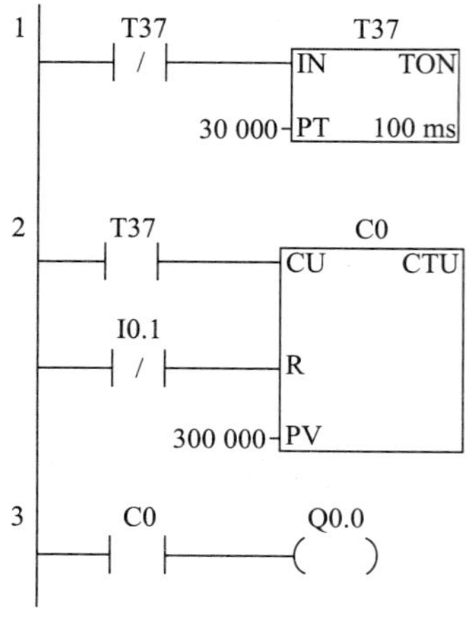

图 2-4-4　梯形图

4．简述扩展计数器计数范围的方法。

五、编程题

1．写出图 2-4-5 所示梯形图的语句表程序。

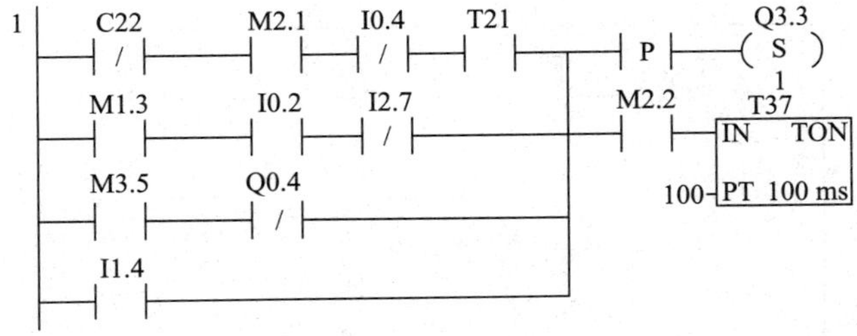

图 2-4-5　梯形图

2．根据表 2-4-1 所示梯形图画出各软继电器的时序图。

表 2-4-1　　**根据梯形图画出时序图**

梯形图	时序图
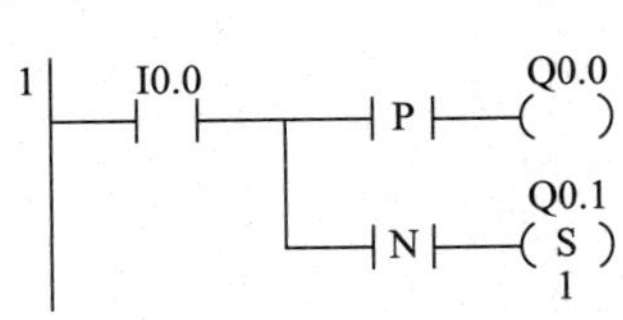	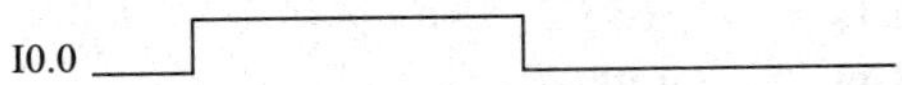

续表

梯形图	时序图
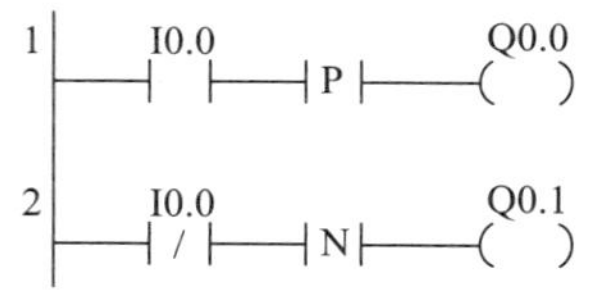 1 I0.0 ─┤ ├─┤P├─( ) Q0.0 2 I0.0 ─┤/├─┤N├─( ) Q0.1	 I0.0
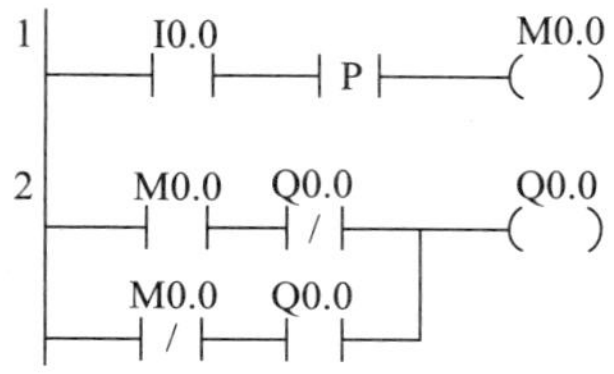 1 I0.0 ─┤ ├─┤P├─( ) M0.0 2 M0.0 ─┤ ├─ Q0.0 ─┤/├─( ) Q0.0 M0.0 ─┤/├─ Q0.0 ─┤ ├─	 I0.0
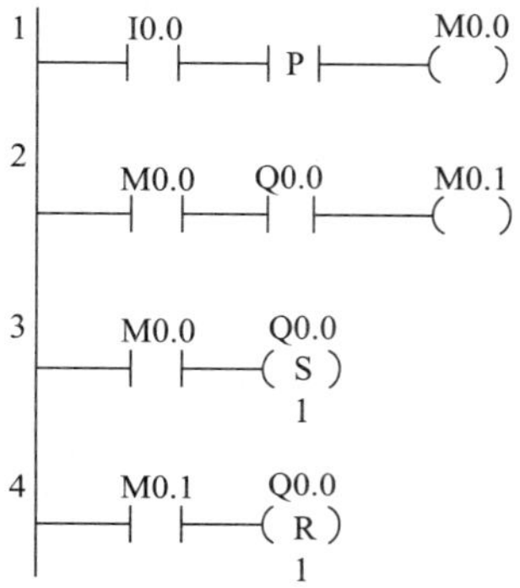 1 I0.0 ─┤ ├─┤P├─( ) M0.0 2 M0.0 ─┤ ├─ Q0.0 ─┤ ├─( ) M0.1 3 M0.0 ─┤ ├─(S) Q0.0 1 4 M0.1 ─┤ ├─(R) Q0.0 1	 I0.0

3．根据图 2-4-6 所示的时序图，使用 S/R 指令和边沿检测器指令画出梯形图。

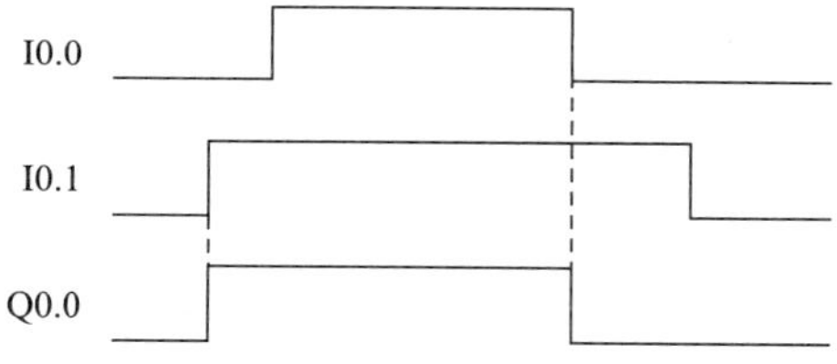

图 2-4-6　时序图

4．将以下 PLC 控制程序的语句表形式转换为梯形图。

```
LD      I0.0
AN      T37
TON     T37, 1 000
LD      T37
LD      Q0.0
CTU     C10, 360
LD      C10
O       Q0.0
=       Q0.0
```

5．用一个按钮控制一盏灯，按钮接于 PLC 的 I0.0，灯接于 PLC 的 Q0.0。用上升沿检测器指令和增计数器指令编写 PLC 控制程序，要求按钮被按下三次后灯点亮，再按下两次后灯熄灭，如此循环。

6．图 2-4-7 所示为产品数量检测示意图。传送带用于传送工件，产品通过检测器用于检测通过产品的数量。启动传送带后，每检测 8 个产品机械手动作 1 次，机械手动作 3 s 后自动复位。编写 PLC 控制程序梯形图实现上述控制功能。

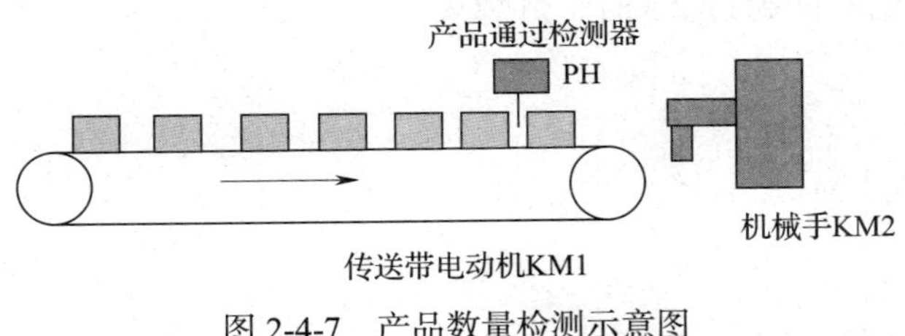

图 2-4-7　产品数量检测示意图

7．设计一个计数范围为 0～50 000 的计数器并画出其梯形图。

8．设计楼梯灯的 PLC 控制梯形图程序，控制要求如下：

（1）只用一个按钮控制楼梯灯。

（2）当按一次按钮时，楼梯灯亮 6 min 后自动熄灭。

（3）当连续按两次按钮时，楼梯灯持续点亮不熄灭。

（4）当按下按钮的时间超过 2 s 时，灯熄灭。

9．根据图 2-4-8 所示时序图设计 PLC 控制梯形图程序，控制要求如下：

（1）按下按钮 I0.0 后，Q0.0 置 1 并自保持。

（2）I0.1 输入 3 个脉冲后（用增计数器 C0 计数），T37 开始定时，6 s 后 Q0.0 置 0，同时 C0 被复位。

（3）当 PLC 刚刚开始执行用户程序时，C0 也被复位。

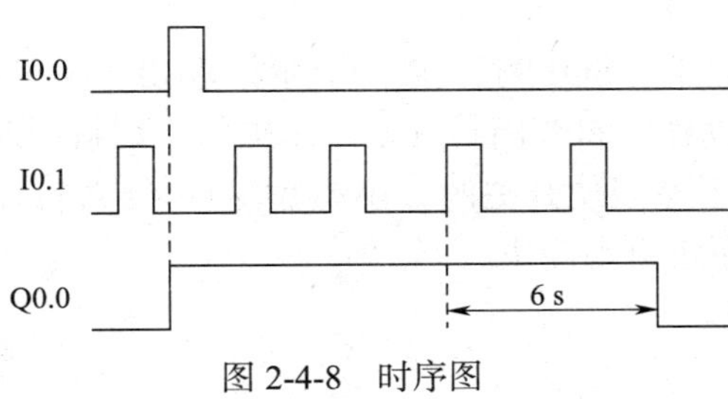

图 2-4-8　时序图

六、技能题（可另附页）

1．设计电动机延时正反转循环计数PLC控制梯形图程序，并完成PLC控制线路的设计、安装和调试。控制要求如下：

（1）按下启动按钮，KM1 得电，电动机正转；延时 5 s 后，KM1 断电，KM2 得电，电动机反转；再延时 6 s 后，KM2 断电，KM1 得电，电动机再次正转。这样循环 3 次后，电动机停止运行。

（2）当按下停止按钮时，电动机立即停止运行。

（3）具有短路、过载保护等必要的保护措施。

2．根据图 2-4-9 所示的运料小车工作示意图设计 PLC 控制梯形图程序，并完成运料小车 PLC 控制线路的设计、安装和调试。控制要求如下：

（1）小车原位在左终端，当小车压下左限位开关 SQ1 时，按下启动按钮 SB，小车右行前进；当运行至料斗下方时，右限位开关 SQ2 动作，料斗门打开给小车加料；加料延时 7 s 后料斗门关闭，小车左行后退，回到左终端压下左限位开关时，小车底门打开卸料；卸料 5 s 后结束，完成一次动作。如此循环 3 次后，系统自动停止。

（2）具有短路、过载保护等必要的保护措施。

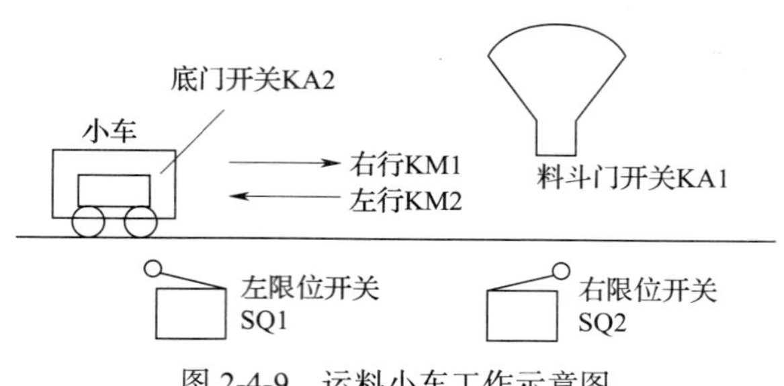

图 2-4-9　运料小车工作示意图

任务5　花式喷泉PLC控制

一、填空题（将正确的答案填写在横线上）

1．对用户程序进行模拟调试时，实际的输入信号可以用__________和__________来模拟，各输出量的通/断状态用PLC面板上相关的______________来显示。

2．单脉冲发生器的功能是每给定一个__________的输入脉冲信号，就产生一个__________的输出脉冲信号。

3．经验设计法是沿用了__________电路图的设计方法来设计梯形图。

二、判断题（正确的在括号内打“√”，错误的在括号内打“×”）

1．使用时钟脉冲和计数器配合可以实现长延时电路。（　　）

2．经验设计法可以用于逻辑关系较简单的梯形图程序设计。（　　）

3．经验设计法的设计结果往往是唯一的，与设计者无关。（　　）

4．如果程序中某些定时器或计数器的预设值过大，为了缩短调试时间，可以在模拟调试时将它们减小，模拟调试结束后再恢复为它们的实际预设值。（　　）

5．模拟调试过程中可以暴露出控制系统可能存在的传感器、执行器、硬件接线等方面的问题。（　　）

三、选择题（将正确答案的序号填入括号中）

1．S7-200 SMART系列PLC的定时器最长的定时时间为（　　）s。

A．3.276 7　　B．32.767

C．3 276.7　　D．32 767

2．在图2-5-1所示的单脉冲发生器梯形图中，无论I0.5接通时间长短如何，输出Q1.0的脉冲宽度都等于（　　）s。

A．3　　B．30

C．300　　D．3 000

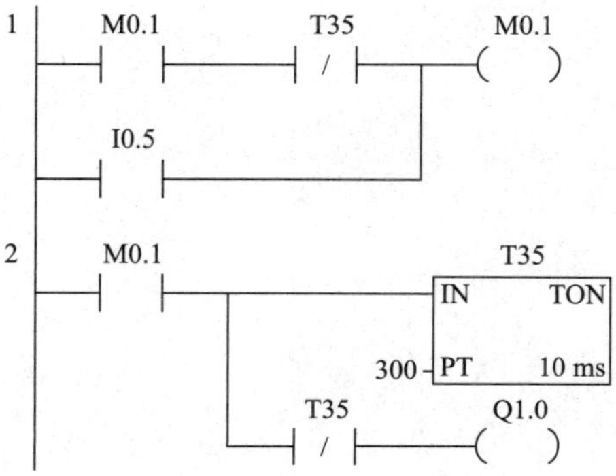

图2-5-1　单脉冲发生器梯形图

3．在图 2-5-2 所示的长延时电路梯形图中，定时时间为（　　）。

A．6 s　　B．60 s　　C．60 min　　D．60 h

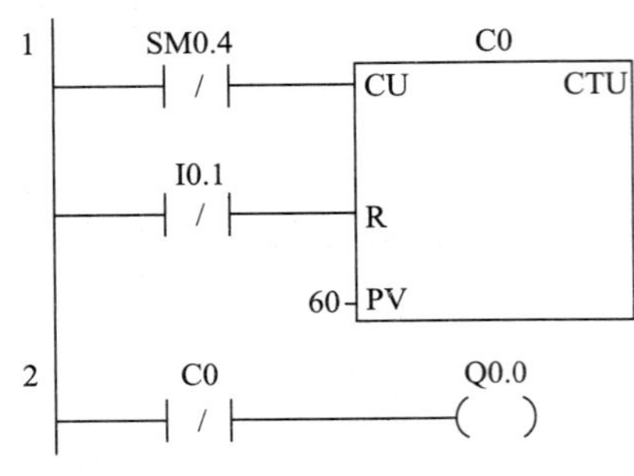

图 2-5-2　长延时电路梯形图

四、简答题

1．简述经验设计法的特点。

2．简述经验设计法的步骤。

五、编程题

1．用计数器和特殊辅助继电器设计一个延时 25 min 的延时电路（已知 SM0.4 产生周期为 1 min 的时钟脉冲，占空比为 50%；SM0.5 产生周期为 1 s 的时钟脉冲，占空比为 50%，可任意选用）。

2．用 PLC 控制程序设计一个闹钟，要求每天早上 6：00 闹钟响，响铃 10 s 后自动停止。

3．设计一个由两个定时器组成的 1 h 定时器。

4．设计花式喷泉的 PLC 控制梯形图程序。要求用两个按钮来控制 A、B、C 三组喷头工作（通过控制三组喷头的电磁阀实现），三组喷头的排列如图 2-5-3a 所示，图 2-5-3b 为 A、B、C 三组喷头的工作时序图。具体控制要求如下：

（1）当按下启动按钮后，A 组喷头先喷 5 s 后停止，然后 B、C 组喷头同时喷 5 s，之后 B 组喷头停止，C 组喷头继续喷 5 s 再停止；而后 A、B 组喷头喷 7 s，C 组喷头在这 7 s 的前 2 s 内停止，后 5 s 内喷水；接着 A、B、C 三组喷头同时停止 3 s，以后重复上述过程。

（2）按下停止按钮后，A、B、C 三组喷头同时停止喷水。

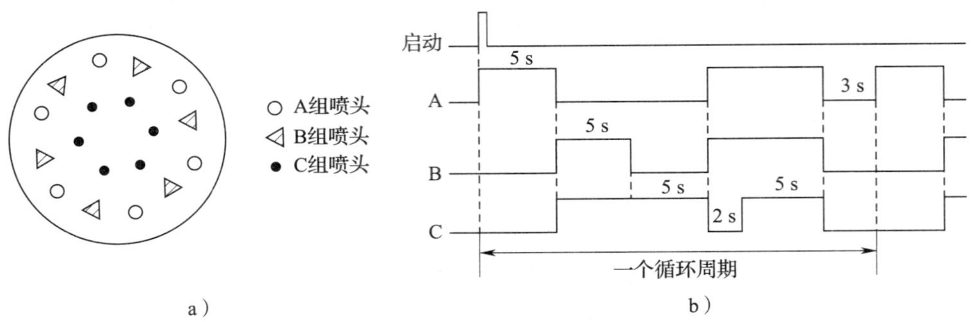

图 2-5-3　花式喷泉组示意图和工作时序图

a）花式喷泉组示意图　b）工作时序图

六、技能题（可另附页）

设计图 2-5-4 所示传送带控制装置的 PLC 控制梯形图程序，并完成 PLC 控制线路的设计、安装和调试。控制要求如下：

（1）按下启动按钮 SB，当运货车检测仪 SQ1 检测到运货车时，传送带 KM1 开始传送工件；当件数检测仪 SQ2 检测到 3 个工件时，传送带停止传送工件，推板机 KM2 启动；推板机在 10 s 内推动这 3 个工件到运货车后，推板机返回，准备下一次工作。只有当下一辆运货车到达，并且按下启动按钮后，传送带和推板机才能重新开始工作。

（2）具有短路、过载保护等必要的保护措施。

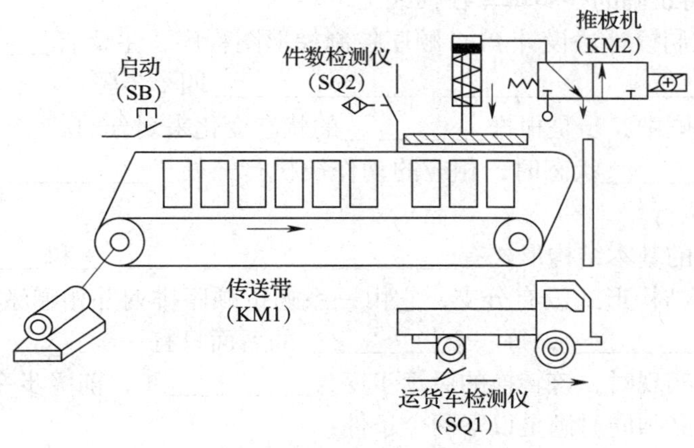

图 2-5-4　传送带控制装置示意图

课题三　顺序控制设计法及顺序控制继电器指令应用

任务 1　液压动力滑台 PLC 控制

一、填空题（将正确的答案填写在横线上）

1．运用顺序控制设计法设计 PLC 顺序控制梯形图程序，主要有______________、__________________、____________________、______________四个步骤。

2．在顺序功能图中，步是根据__________的状态变化来划分的。

3．步处于__________状态时，相应的动作被执行；处于__________状态时，相应的非存储型动作被停止执行。

4．顺序功能图的基本结构形式有__________、______________和______________三种。

5．______序列结构形式没有分支，它由一系列按顺序排列并相继激活的步组成。每一步的后面只有一个__________，每一个__________的后面只有一步。

6．当某一转换实现时，该转换的后续步变为__________步，前级步变为__________步。

7．转换的实现必须同时满足以下两个条件：

（1）____。

（2）____。

8．在步进逻辑公式 $\mathrm{M}_i=(\mathrm{M}_{i-1}\cdot \mathrm{I}_i+\mathrm{M}_i)\cdot\overline{\mathrm{M}_{i+1}}$ 中，M_i 在等号的左端出现表示辅助继电器的__________符号，M_i 在等号的右端出现表示辅助继电器的__________符号。

二、判断题（正确的在括号内打“√”，错误的在括号内打“×”）

1．在任何一步之内，各输出量的 ON/OFF 状态不变，但是相邻两步输出量总的状态是不同的。（　　）

2．转换条件可以是外部的输入信号，也可以是 PLC 内部产生的信号。（　　）

3．在顺序功能图中，步的动作“＝ Q0.0”是存储型动作。（　　）

4．在顺序功能图中，步的动作“R Q0.0, 1”是非存储型动作。（　　）

5．两个步绝对不能直接相连，必须用一个转换将它们分隔开。（　　）

6．转换与转换之间不能直接相连，必须用一个步将它们分隔开。（　　）

7．顺序功能图中的初始步一般对应于系统等待启动的初始状态。（　　）

8．选择序列结构形式有分支，当转换条件满足时有两个或两个以上的步同时激活。（　　）

9．根据顺序功能图使用启保停电路的编程方法设计梯形图时，在不出现双线圈输出的情况下，可以将输出继电器的线圈直接与对应步元件辅助继电器的线圈并联。（　　）

三、选择题（将正确答案的序号填入括号中）

1．顺序功能图中不包括的组成部分是（　　）。

A．步　　B．有向连线　　C．转换　　D．线圈

2．最常使用的转换条件是（　　）。

A．文字语言　　B．布尔代数表达式

C．图形符号　　D．时序图

3．根据系统的顺序功能图设计梯形图的方法包括（　　）。

A．使用启保停电路的编程方法

B．使用置位 / 复位指令的编程方法

C．使用顺序控制继电器指令的编程方法

D．以上均是

4．在（　　）序列的合并处，转换有若干个前级步，它们均为活动步时才有可能实现转换，在转换实现时应将它们对应的代表各步的编程元件全部复位。

A．单　　B．选择　　C．并行　　D．跳转

四、简答题

1．简述顺序控制和顺序控制系统的含义。

2．简述转换实现时应完成的两个操作。

3．简述单序列结构顺序功能图的特点。

4．简述用步进逻辑公式法设计顺序控制梯形图的步骤。

五、编程题

1．根据表 3-1-1 中的步进逻辑公式画出对应的梯形图。

表 3-1-1　　根据步进逻辑公式画出梯形图

步进逻辑公式	梯形图
$Q0.0=(I0.0+Q0.0)\times I0.1\times I0.2$	
$M0.1=(M0.0\times I0.3+I0.1+M0.1)\times \overline{M0.2}\times \overline{I0.0}$	

2．根据表 3-1-2 中的梯形图写出对应的步进逻辑公式。

表 3-1-2　　根据梯形图写出步进逻辑公式

梯形图	步进逻辑公式
1　T37　Q0.1　Q0.0（/）　I0.0　Q0.1（ ）	
1　M0.3　C0　M0.4　M0.5（/）　I0.0　M0.4（ ）	

3．使用启保停电路的编程方法画出图 3-1-1 所示顺序功能图的梯形图。

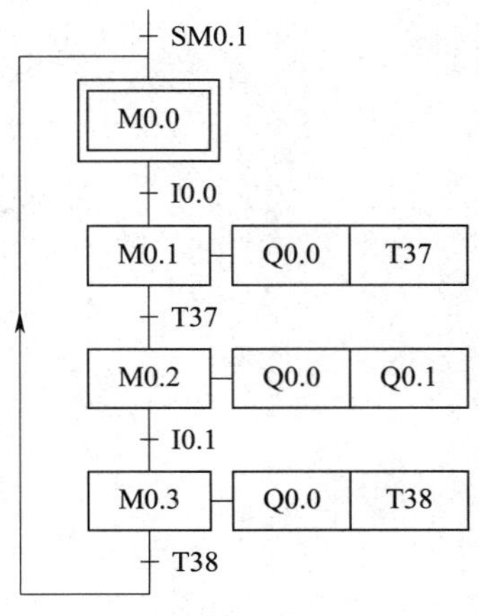

图 3-1-1　顺序功能图

4．使用启保停电路的编程方法画出图 3-1-2 所示顺序功能图的梯形图。

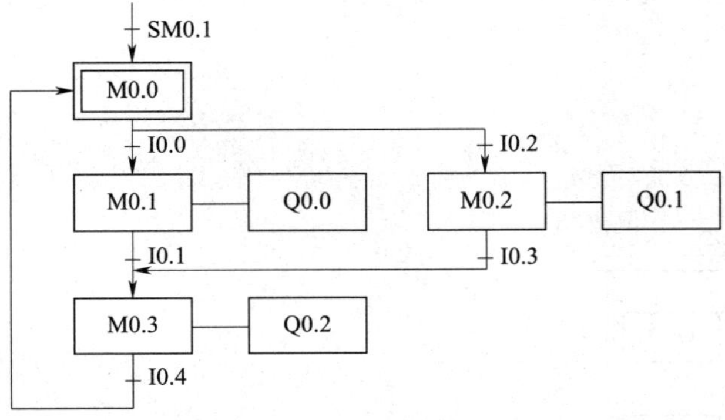

图 3-1-2　顺序功能图

5．使用启保停电路的编程方法画出图 3-1-3 所示顺序功能图的梯形图。

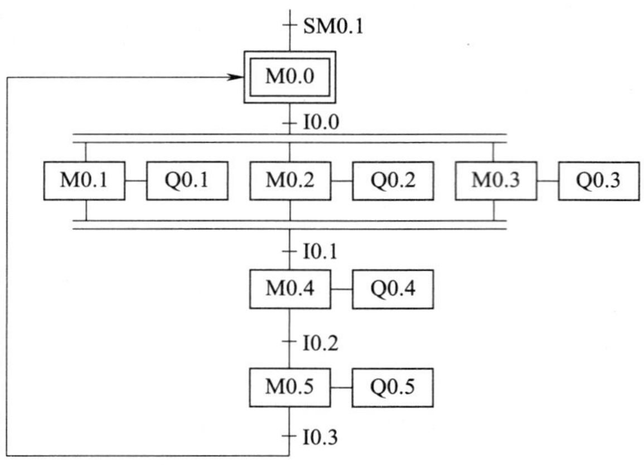

图 3-1-3　顺序功能图

6．使用启保停电路的编程方法画出图 3-1-4 所示顺序功能图的梯形图。

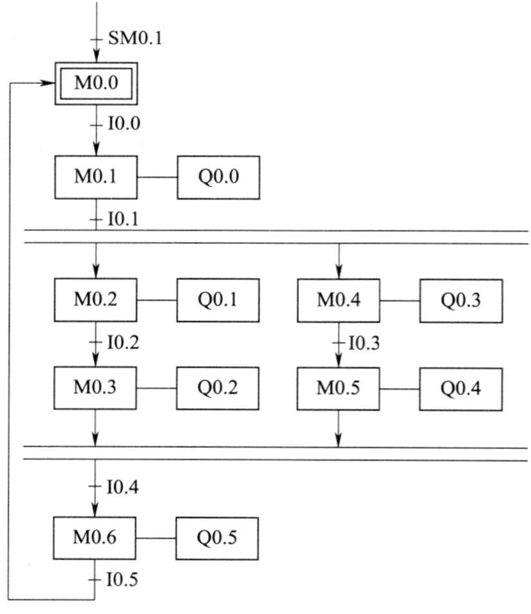

图 3-1-4　顺序功能图

六、技能题（可另附页）

1．要求运用顺序控制设计法，绘制步元件为 M 的顺序功能图，并使用启保停电路的编程方法，设计图 3-1-5 所示的送料小车三地自动往返 PLC 控制梯形图程序，并完成控制线路的设计、安装和调试。控制要求如下：

（1）小车的初始位置在限位开关 SQ1 处，这时按下启动按钮 SB，小车电动机正转，小车前进；碰到限位开关 SQ2 后，小车电动机停转，小车停 5 s 后小车电动机反转，小车后退。

（2）小车后退碰到限位开关 SQ3 后，小车电动机正转，小车前进；碰到限位开关 SQ1 时，小车停止。

（3）具有短路、过载保护等必要的保护措施。

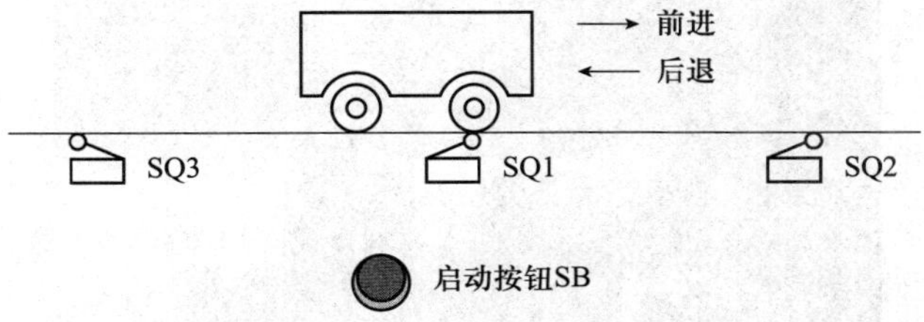

图 3-1-5　送料小车三地自动往返控制装置的工作示意图

2．如图 3-1-6 所示，汽车停在清洗机的输送轨道上，输送轨道带动汽车边走边洗。要求运用顺序控制设计法，绘制步元件为 M 的顺序功能图，并使用启保停电路的编程方法设计汽车自动清洗机 PLC 控制梯形图程序，并完成控制线路的设计、安装和调试。控制要求如下：

（1）按下启动按钮，喷淋阀门打开，同时清洗机开始移动。当检测到汽车到达刷洗位置时，旋转刷启动并开始刷洗汽车；当检测到汽车离开清洗机时，清洗机停止移动，旋转刷停止旋转，喷淋阀门关闭；当按下停止按钮时，汽车清洗机在任何时刻都可以停止所有动作。

（2）具有短路、过载保护等必要的保护措施。

图 3-1-6　汽车自动清洗机工作场景图

任务2　气动机械手PLC控制

一、填空题（将正确的答案填写在横线上）

1．如果磁性开关使用共阴极接法，则__________色线接PLC输入端，__________色线接公共端。

2．气动机械手主要由__________、__________、__________、位置检测装置等组成。

3．在使用置位/复位指令的编程方法中，将该转换的所有前级步对应的辅助继电器位的__________触点与转换对应的触点或电路串联，作为使所有后续步对应的辅助继电器位置位和使所有前级步对应的辅助继电器位复位的条件。

4．使用置位/复位指令的编程方法设计顺序功能图的梯形图时，每一个转换对应________个控制置位/复位的电路块。

5．当气缸活塞移向磁性开关，并接近到一定距离时，磁性开关才会“感知”，开关才会动作，通常把这个距离称为__________。

二、判断题（正确的在括号内打“√”，错误的在括号内打“×”）

1．在使用置位/复位指令的编程方法中，当某转换实现时，要使用置位指令对该转换的前级步对应的辅助继电器位置位。（　　）

2．在使用置位/复位指令的编程方法中，当某转换实现时，要使用复位指令对该转换的后续步对应的辅助继电器位复位。（　　）

3．在使用置位/复位指令的编程方法中，可以将输出继电器Q的线圈直接与置位指令和复位指令并联。（　　）

4．在使用置位/复位指令的编程方法中，不可以将定时器T的线圈直接与置位指令和复位指令并联。（　　）

5．在使用置位/复位指令的编程方法中，可以将计数器C的线圈直接与置位指令和复位指令并联。（　　）

三、选择题（将正确答案的序号填入括号中）

1．图3-2-1所示的顺序功能图中，步M0.2→步M0.3的进展，使用置位/复位指令的编程方法应表示为（　　）。

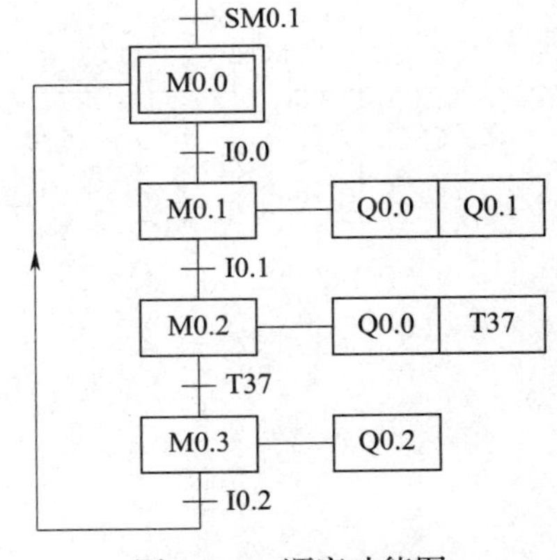

图3-2-1　顺序功能图

A. 1 M0.0 I0.0 M0.1 (S) 1 M0.0 (R) 1

B. 1 M0.2 T37 M0.3 (S) 1 M0.2 (R) 1

C. 1 M0.2 I0.1 M0.3 (S) 1 M0.2 (R) 1

D. 1 M0.2 T37 M0.2 (S) 1 M0.1 (R) 1

2．图 3-2-2 所示的顺序功能图中，步 M0.0→步 M0.2 的进展，使用置位 / 复位指令的编程方法应表示为（　　）。

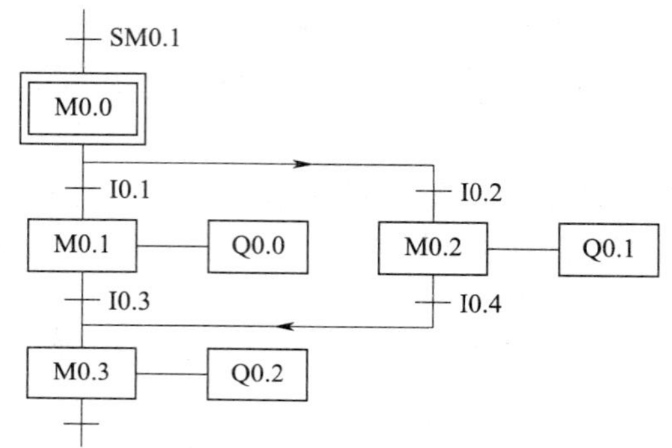

图 3-2-2　顺序功能图

A. 1 M0.0 I0.0 M0.1 (S) 1 M0.0 (R) 1

B. 1 M0.0 I0.2 M0.2 (S) 1 M0.0 (R) 1

C. 1 M0.2 I0.1 M0.3 (S) 1 M0.2 (R) 1

D. 1 M0.0 I0.2 M0.2 (S) 1 M0.1 (R) 1

3．图 3-2-3 所示的顺序功能图中，若步 M0.1 为活动步且 I0.2 = 1，则发生的进展使用置位 / 复位指令的编程方法应表示为（　　）。

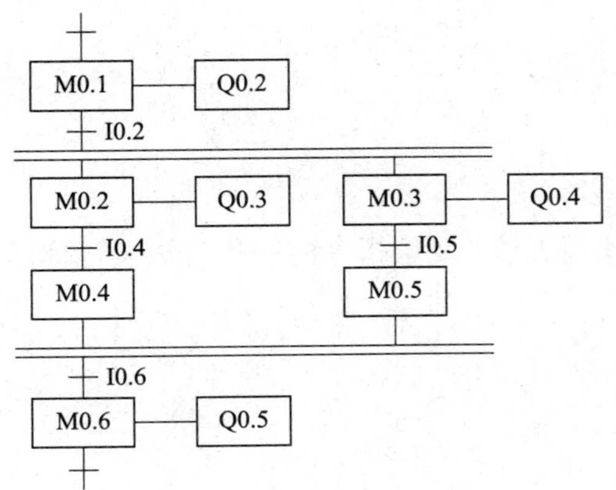

图 3-2-3　顺序功能图

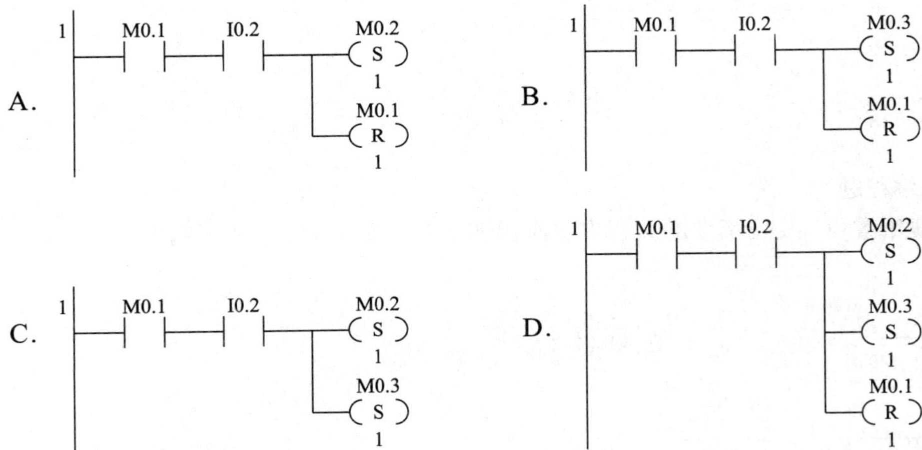

4．图 3-2-3 所示的顺序功能图中，若 I0.6 = 1 使步 M0.6 变为活动步，则发生的进展使用置位 / 复位指令的编程方法应表示为（　　）。

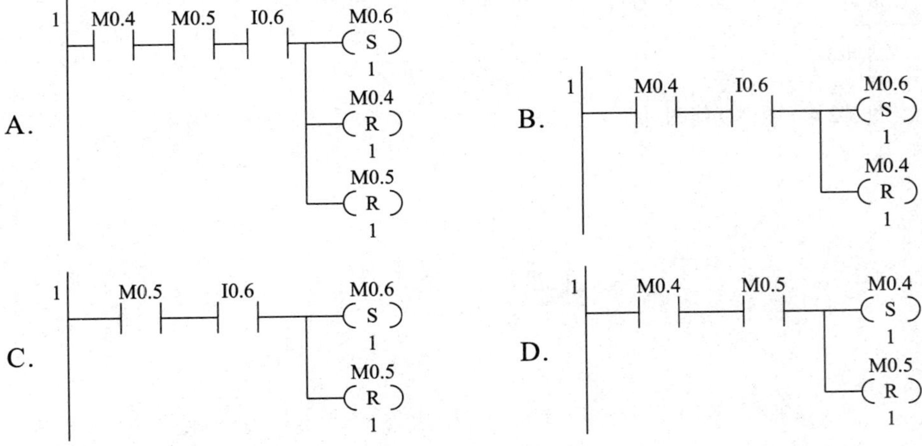

四、简答题

1. 简述气动机械手的优点。

2. 根据顺序功能图使用置位 / 复位指令的编程方法设计梯形图时，输出电路可以分为哪两种情况来设计？

五、编程题

1. 使用置位 / 复位指令的编程方法画出图 3-2-4 所示顺序功能图的梯形图。

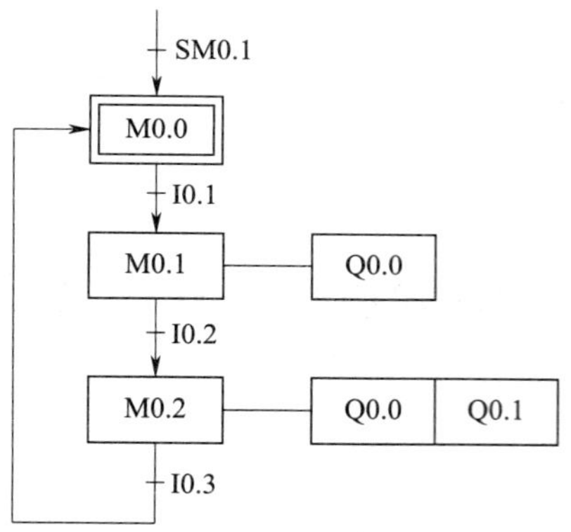

图 3-2-4　顺序功能图

2. 使用置位 / 复位指令的编程方法画出图 3-2-5 所示顺序功能图的梯形图。

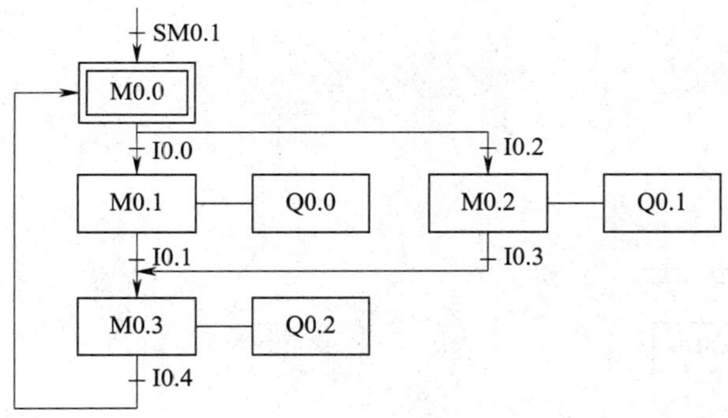

图 3-2-5 顺序功能图

3. 使用置位 / 复位指令的编程方法画出图 3-2-6 所示顺序功能图的梯形图。

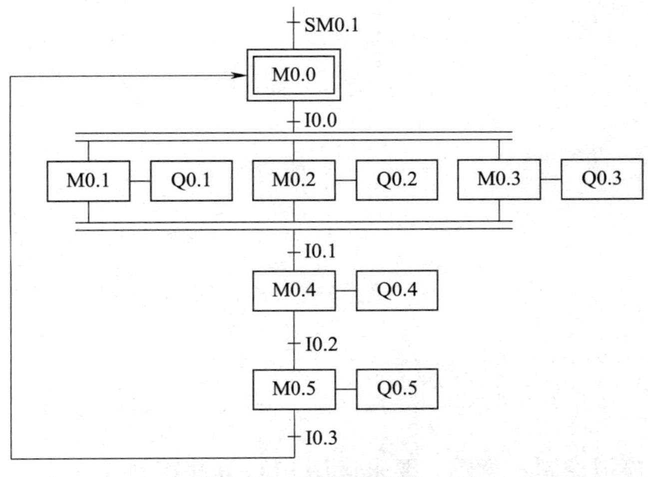

图 3-2-6 顺序功能图

4．使用置位 / 复位指令的编程方法画出图 3-2-7 所示顺序功能图的梯形图。

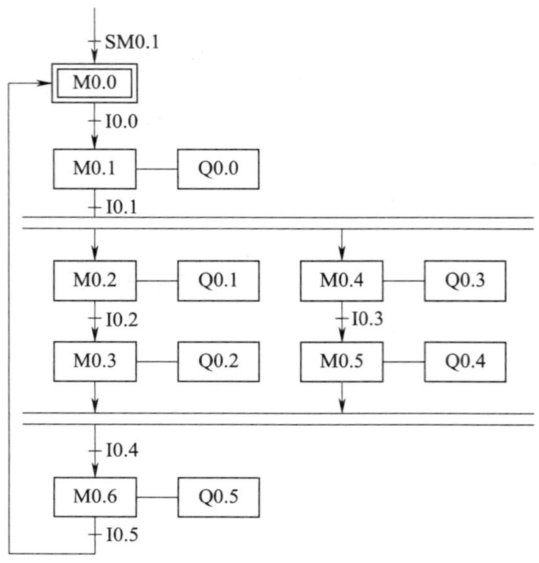

图 3-2-7　顺序功能图

5．图 3-2-8 所示为水塔水位的模拟控制示意图，要求运用 PLC 顺序控制设计法，绘制步元件为辅助继电器 M 的顺序功能图，并使用置位 / 复位指令的编程方法，设计水塔水位梯形图程序。控制要求如下：

（1）按下按钮 SB4，表示水池需要进水，灯 EL2 亮；直到按下按钮 SB3，水池水位到位，灯 EL2 灭；按下按钮 SB2，表示水塔水位低需要进水，灯 EL1 亮，进行抽水；直到按下按钮 SB1，水塔水位到位，灯 EL1 灭；2 s 后，水塔放水结束并重复上述过程。

（2）具有短路、过载保护等必要的保护措施。

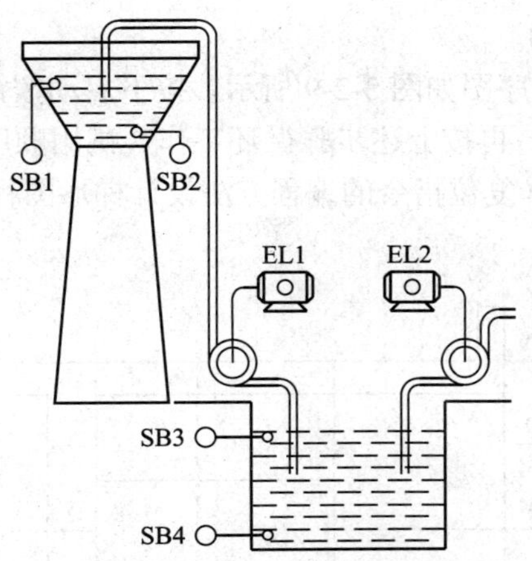

图 3-2-8　水塔水位的模拟控制示意图

六、技能题（可另附页）

1. 某彩灯工作系统的时序图如图 3-2-9 所示。按下启动按钮，红、黄、绿三种颜色的彩灯顺序点亮，然后同时熄灭，再按上述步骤循环工作。试用顺序控制设计法，绘制步元件为 M 的顺序功能图，使用置位 / 复位指令的编程方法设计梯形图程序，并完成 PLC 控制线路的设计、安装与调试。

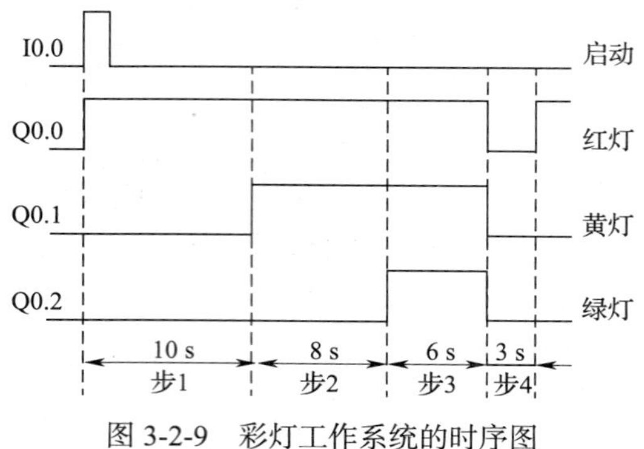

图 3-2-9　彩灯工作系统的时序图

2．试用 PLC 顺序控制设计法，绘制步元件为 M 的顺序功能图，使用置位 / 复位指令的编程方法设计某全自动洗衣机洗衣过程的梯形图程序，并完成控制线路的设计、安装与调试。控制要求如下：

（1）洗衣机接通电源后，按下启动按钮，进水阀打开，进水指示灯亮。

（2）当水位到达上限位时，进水指示灯灭，搅轮开始正转，持续正向洗涤 40 s；40 s 到后停 2 s，再反向洗涤 40 s，正、反向洗涤需重复 4 次。

（3）洗涤重复 4 次后，等待 2 s，开始排水，排水指示灯亮，同时甩干桶开始甩干，甩干指示灯亮。

（4）当水位到达下限位后，排水完成，排水指示灯和甩干指示灯灭。然后再次进水，进水指示灯亮。

（5）重复（2）～（4）的过程 4 次。

（6）当第 4 次排水且水位到达下限位后，蜂鸣器响 5 s 后停止，整个洗衣过程结束。

（7）洗衣过程中，按下停止按钮可结束洗衣。

（8）手动排水是独立操作的。

任务3　多种液体自动混合机PLC控制

一、填空题（将正确的答案填写在横线上）

1. ____________________也称状态继电器，与__________指令配合使用，用于组织设备的顺序操作，以实现顺序控制。

2. 顺序控制继电器S可以按__________、__________、__________或__________来存取，在S7-200 SMART系列PLC中的编址范围为______________，共__________位，采用__________进制编号。

3. SCR指令包括________指令、________指令、________指令和__________指令。

4. 顺序控制程序被SCR指令划分为__________与__________指令之间的若干个SCR段，一个SCR段对应顺序功能图中的一步。

5. LSCR指令的梯形图形式为__________；SCRT指令的梯形图形式为__________；SCRE指令的梯形图形式为__________。

6. 单序列顺序功能图的特点是：每一步后面只有一个__________，每个转换后面只有__________。各个工作步按顺序执行，若上一工作步执行结束且转换条件满足，则立即开通下一工作步，同时__________上一工作步。

二、判断题（正确的在括号内打“√”，错误的在括号内打“×”）

1. 顺序控制继电器S可以用于主程序、子程序或中断程序，而且可以重复使用。（　　）
2. 如果顺序控制继电器S没有被SCR指令调用，它也可以作为位存储器使用。（　　）
3. SCR指令的操作数只能是顺序控制继电器S的地址。（　　）
4. 可以在SCR段中使用跳转指令，但相应的标号指令也必须在同一个SCR段中。（　　）
5. 可以用跳转的方法跳入或跳出SCR段。（　　）
6. 可以在SCR段中使用FOR和NEXT指令。（　　）
7. 主程序和子程序中可以同时使用S0.1。（　　）

三、选择题（将正确答案的序号填入括号中）

1. 属于S7-200 SMART系列PLC的状态元件的是（　　）。

A. I0.2　　B. T37　　C. C1　　D. S1.4

2. SCR指令对（　　）元件有效。

A. I0.3　　B. Q1.2　　C. S2.0　　D. T101

3. （　　）指令用来表示一个SCR段的开始。

A. LPS　　B. LSCR　　C. SCRT　　D. SCRE

4. （　　）指令用来表示SCR段之间的转换。

A. LPS　　B. LSCR　　C. SCRT　　D. SCRE

5．（　　）指令用来表示 SCR 段的结束。

A．LPS　　B．LSCR　　C．SCRT　　D．SCRE

6．下列指令中无操作数的是（　　）。

A．LD　　B．LSCR　　C．SCRT　　D．SCRE

四、简答题

1．简述顺序控制继电器 S 的功能。

2．简述 SCRT 指令的两个功能。

五、编程题

1．使用 SCR 指令编写梯形图程序，要求实现红、绿灯循环显示，循环间隔时间为 1 s。

2．使用 SCR 指令设计满足图 3-3-1 所示的彩灯工作系统时序图的梯形图程序。

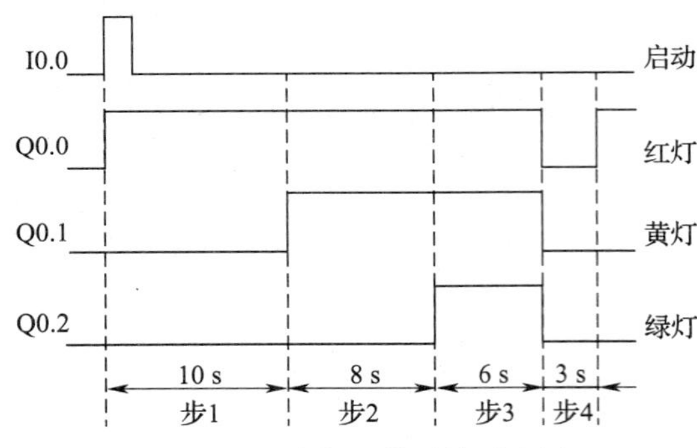

图 3-3-1　彩灯工作系统时序图

3．使用 SCR 指令设计通风系统的梯形图程序，要求三个房间的通风机自动轮流地打开和关闭，轮换时间间隔为 1 h。

4．使用 SCR 指令设计电动机Y - △形降压启动控制梯形图程序。具体控制要求如下：

（1）当按下启动按钮 SB2 时，电源接触器 KM1 和Y形接触器 KM2 同时接通，电动机Y形联结降压启动。

（2）启动延时一定时间后，KM2 先自动断开，△形接触器 KM3 自动接通，电动机△形联结全压运转。

（3）当按下停止按钮 SB1 或电动机过载时，KM1、KM2 和 KM3 同时断开，电动机断电停止。

六、技能题（可另附页）

1. 图 3-3-2 所示为一小车三地自动往返控制装置的工作示意图，试用 PLC 顺序控制设计法，使用 SCR 指令设计梯形图程序，并完成 PLC 控制线路的设计、安装和调试。控制要求如下：

（1）按下启动按钮 SB，小车电动机正转，小车第一次前进，碰到限位开关 SQ1 后电动机反转，小车后退。

（2）小车后退碰到限位开关 SQ2 后，电动机停转，小车停 10 s 后第二次前进，碰到限位开关 SQ3 后再次后退。

（3）小车第二次后退碰到限位开关 SQ2 时，小车停止。

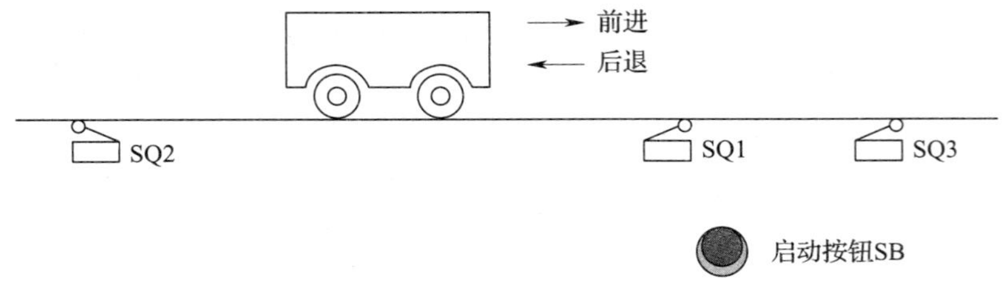

图 3-3-2　小车自动往返控制装置的工作示意图

2．图 3-3-3 所示的气动机械手由 A、B、C 三个气缸组成，试用 PLC 顺序控制设计法，使用 SCR 指令设计气动机械手的 PLC 控制梯形图程序，并完成控制线路的设计、安装和调试。控制要求如下：

（1）按下启动按钮 SB1，气动机械手开始按如下顺序工作：

1）当接近开关 SQ0 检测到有物体时，气缸 A 向左运行。

2）到达极限位置 SQ2 时，气缸 A 停止向左运行，气缸 B 开始向下运行。

3）到达极限位置 SQ4 时，气缸 B 停止向下运行，手指气缸 C 抓住物体并延时 1 s。

4）延时 1 s 到，气缸 B 开始向上运行。

5）到达极限位置 SQ3 时，气缸 A 开始向右运行。

6）到达极限位置 SQ1 时，手指气缸 C 释放物体，并延时 1 s，自动开始下一个周期。

（2）按下停止按钮 SB2，气动机械手完成当前的工作循环后才停止工作。

（3）具有短路、过载保护等必要的保护措施。

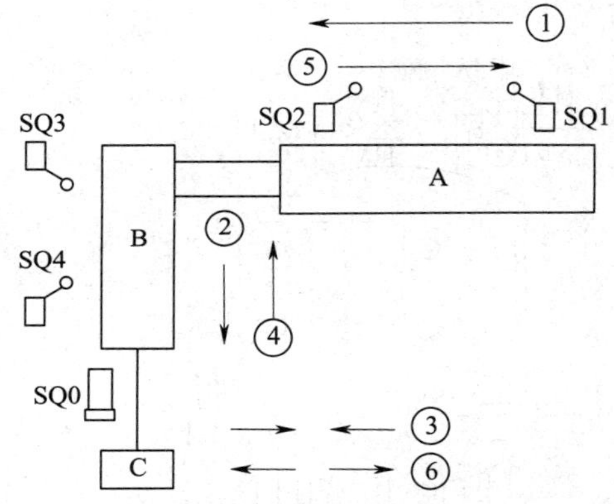

图 3-3-3　气动机械手工作示意图

3．图 3-3-4 所示的三种液体自动混合装置由液面传感器 SL1、SL2、SL3，三种液体注入阀门 A、B、C（电磁阀 YV1、YV2、YV3）及排液阀门（电磁阀 YV4）、搅拌电动机 M、加热器 H、温度传感器 T 组成，能够实现三种液体的混合、搅匀、加热等功能，试用 PLC 顺序控制设计法，使用 SCR 指令设计三种液体自动混合装置的 PLC 控制梯形图程序，并完成控制线路的设计、安装和调试。控制要求如下：

（1）按下启动按钮，液体 A 的阀门打开，液体 A 流入容器。当液面升至 SL3 时，SL3 接通，液体 A 的阀门关闭，液体 B 的阀门打开。当液面升至 SL2 时，SL2 接通，液体 B 的阀门关闭，液体 C 的阀门打开。当液面升至 SL1 时，SL1 接通，液体 C 的阀门关闭，搅拌电动机开始搅拌液体，10 s 后搅拌停止，加热器开始加热。当混合液体温度达到设定值时，加热器停止加热，排液阀门打开，开始放出混合液体。当液面降至 SL3 时，SL3 由接通变为断开，再过 5 s 后，容器排空，排液阀门关闭，自动开始下一周期。

（2）按下停止按钮，将当前的混合液体操作处理完毕后再停止操作。

（3）具有短路、过载保护等必要的保护措施。

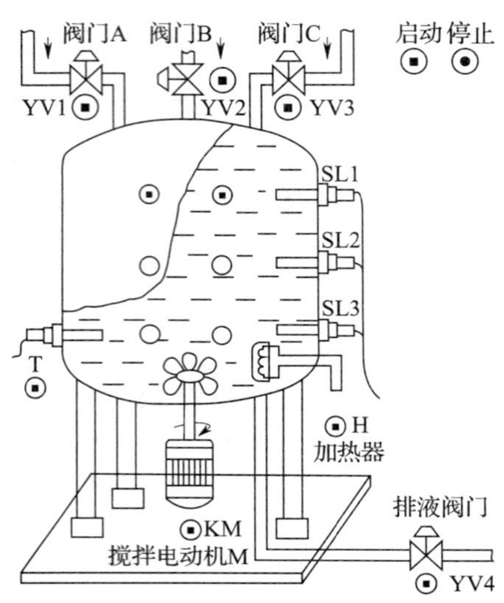

图 3-3-4　三种液体自动混合装置

任务 4　自动门 PLC 控制

一、填空题（将正确的答案填写在横线上）

1．选择序列顺序功能图有______个或______个以上的分支，由各自条件决定转移到其中一个分支。

2．选择序列的编程主要分为两部分：选择序列__________的编程和选择序列__________的编程。

3．在进行选择序列分支的编程时，如果某一步的后面有 N 个选择序列的分支，则该步的 SCR 段内应有________个分别指明各转换条件和转换目标的电路。

二、判断题（正确的在括号内打"√"，错误的在括号内打"×"）

1．选择序列顺序功能图中不能有两个或两个以上的转移同时发生。（　　）

2．选择序列分支时是先条件后分支。（　　）

3．选择序列合并时是先条件后合并。（　　）

4．选择序列顺序功能图中分支和合并处的水平连线都是单线。（　　）

三、选择题（将正确答案的序号填入括号中）

1．选择序列分支的转换符号只能标在水平连线（　　），合并的转换符号只能标在水平连线（　　）。

A．之下，之上

B．之上，之下

C．之下，之下

D．之上，之上

2．如图 3-4-1 所示，如果步 5 为活动步且转换条件 h 满足，则发生由步 5 →步（　　）的进展。

A．5

B．6

C．9

D．11

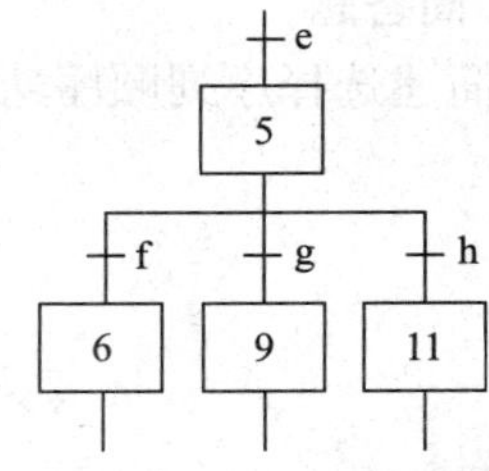

图 3-4-1　选择序列顺序功能图

3．如图 3-4-2 所示，如果步 9 为活动步且转换条件 n 满足，则发生由步（　　）→步 5 的进展。

A．5

B．6

C．9

D．11

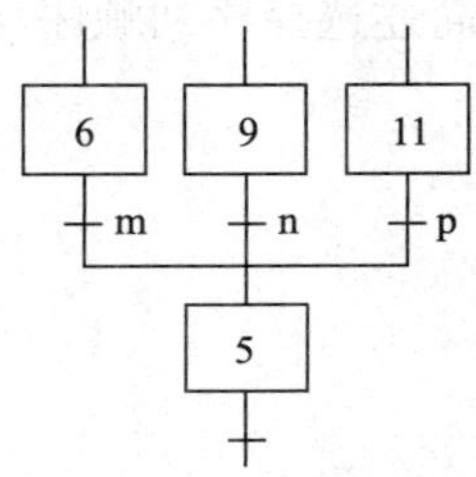

图 3-4-2　选择序列顺序功能图

4．如图 3-4-3 所示，如果发生由步 S0.0→步 S0.2 的进展，则开始执行的 LSCR 指令是（　　）。

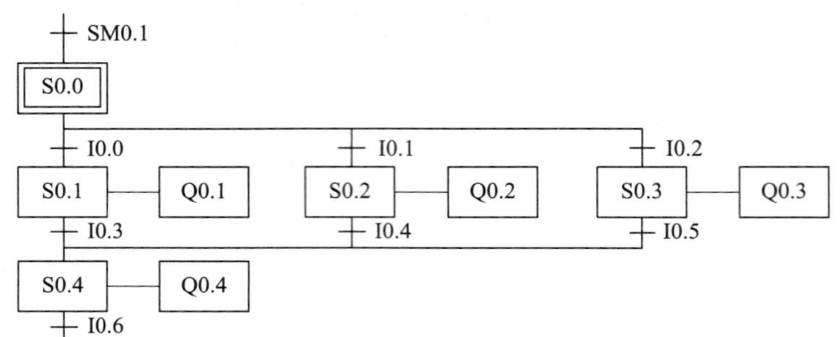

图 3-4-3　选择序列顺序功能图

A．LSCR S0.0　　B．LSCR S0.1　　C．LSCR S0.2　　D．LSCR S0.3

5．如图 3-4-3 所示，如果步 S0.0 为活动步且转换条件 I0.2 满足，则发生的步的转换用 SCRT 指令表示为（　　）。

A．SCRT S0.1　　B．SCRT S0.2　　C．SCRT S0.3　　D．SCRT S0.4

6．如图 3-4-3 所示，如果发生了由步 S0.1→步 S0.4 的进展，则执行的梯形图程序为（　　）。

A. 1　I0.0　S0.4 (SCRT)

B. 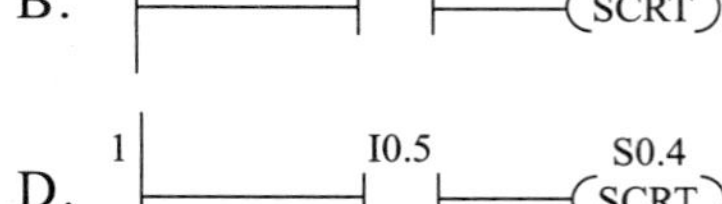

C. 1　I0.4　S0.4 (SCRT)

D. 1　I0.5　S0.4 (SCRT)

四、简答题

1．简述选择序列顺序功能图的特点。

2．简述选择序列顺序功能图的编程方法。

3．简述微波感应器和红外感应器的优缺点。

五、编程题

1．根据图 3-4-4 所示的顺序功能图画出相应的梯形图。

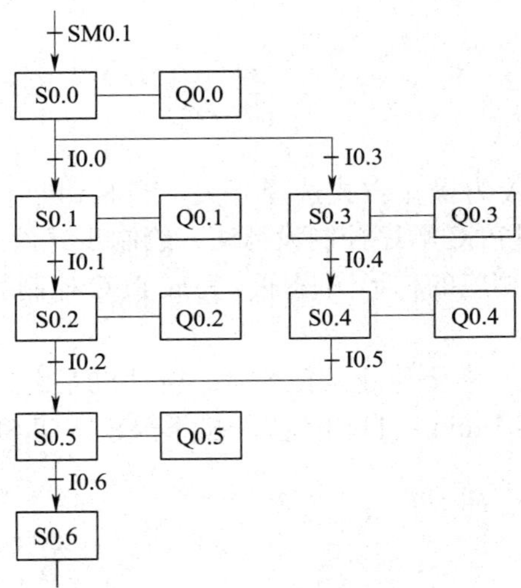

图 3-4-4　顺序功能图

2．试用 PLC 顺序控制设计法，绘制步元件为 S 的选择序列结构的顺序功能图，并用 SCR 指令设计三台电动机顺序启动、逆序停止的 PLC 控制梯形图程序。控制要求如下：

（1）按下启动按钮，M1 启动；运行 4 s 后，M2 启动；再运行 5 s 后，M3 启动。

（2）按下停止按钮，M3 停止；10 s 后，M2 停止；再过 20 s 后，M1 停止。

（3）当任何一台电动机发生过载故障时，三台电动机立即停止运行。

六、技能题（可另附页）

1．某台设备具有手动和自动两种操作方式，SA 为操作方式选择开关。当 SA 断开时，选择手动方式；当 SA 接通时，选择自动方式。试用 PLC 顺序控制设计法，绘制步元件为 S 的选择序列结构的顺序功能图，并用 SCR 指令设计相应的梯形图程序，完成 PLC 控制线路的设计、安装和调试。控制要求如下：

（1）手动方式：按下启动按钮 SB2，电动机运转；按下停止按钮 SB1，电动机停止。

（2）自动方式：按下启动按钮 SB2，电动机运转 1 min 后自动停止；按下停止按钮 SB1，电动机立即停止。

2．带式运输机装置主要由三条运输带组成，每条运输带分别由各自的电动机驱动，各运输带之间有着密切的联系。试用 PLC 顺序控制设计法，绘制步元件为 S 的选择序列结构的顺序功能图，并用 SCR 指令设计相应的梯形图程序，完成 PLC 控制线路的设计、安装和调试。具体要求如下：

（1）带式运输机装置启动运行时，按下启动按钮后，首先启动运输带 3；经过 5 s 的延时，运输带 2 自动启动运行；再经过 5 s 的延时，运输带 1 自动启动运行。

（2）带式运输机装置的停止过程与启动过程相反。按下停止按钮后，运输带 1 先停止，延时 5 s 后运输带 2 自动停止，再过 5 s 后运输带 3 自动停止。

（3）当任意一条运输带发生故障时，该运输带和该运输带前面的运输带会立即停止工作，而该运输带后面的运输带必须依次延时 5 s 后再停止运行。例如，当运输带 2 发生故障时，运输带 1、运输带 2 立即停止运行，而运输带 3 在运输带 2 停止运行 5 s 后停止运行。

任务5　按钮式人行横道交通灯PLC控制

一、填空题（将正确的答案填写在横线上）

1．并行序列也有开始和结束之分。并行序列的开始称为__________，并行序列的结束称为__________。

2．并行序列分支处的水平连线用双线表示，转换条件在双线__________；并行序列合并处的水平连线也用双线表示，转换条件在双线__________。

3．在并行序列中，当转换条件满足时有__________个或__________个以上的步同时转移。

4．在进行并行序列分支的编程时，如果某一步的后面有N个并行序列的分支，则该步的SCR段中应有同一转换条件控制的__________个不同转换目标的电路，即应同时激活多个SCR段。

二、判断题（正确的在括号内打"√"，错误的在括号内打"×"）

1．并行序列由同一个转换条件控制，同时激活各分支的第一个状态。（　　）

2．由于并行序列是多个分支同时工作的，合并时必须等到所有分支的最后一个状态都处于活动状态，并且满足转换条件时，才能共同进入下一个SCR段。（　　）

3. 并行序列在分支时是先条件后分支。（　　）

4. 并行序列在合并时是先条件后合并。（　　）

三、选择题（将正确答案的序号填入括号中）

1．如图3-5-1所示，如果步S0.0为活动步且转换条件I0.0满足，则发生由步S0.0→步（　　）的进展。

A．S0.1、S0.2

B．S0.1、S0.3

C．S0.1、S0.2、S0.3

D．S0.2、S0.3

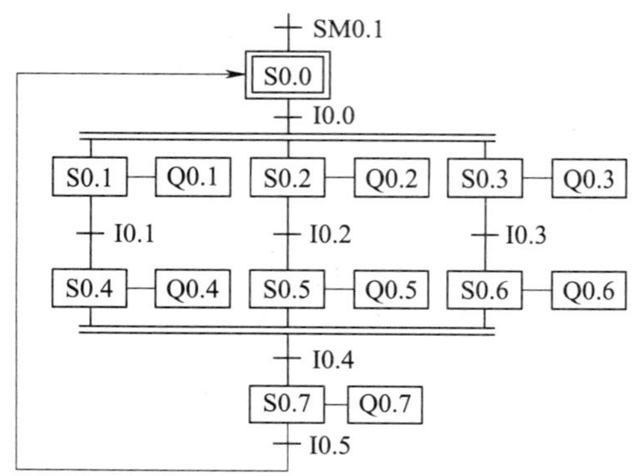

图3-5-1　并行序列顺序功能图

2．如图3-5-1所示，当步（　　）为活动步且转换条件I0.4满足时，步S0.7会变为活动步。

A．S0.4、S0.5

B．S0.4、S0.5、S0.6

C．S0.4、S0.6

D．S0.5、S0.6

3．如图 3-5-1 所示，如果步 S0.0 为活动步且转换条件 I0.0 满足，则发生步的转换用梯形图程序表示为（　　）。

A.
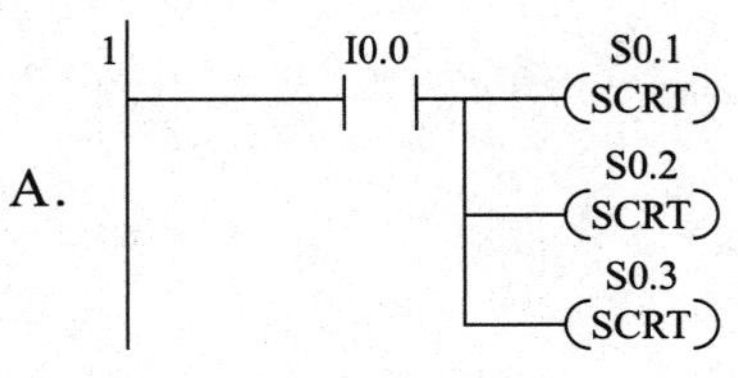

B. 1 I0.0 S0.1 SCRT

C. 1 I0.0 S0.2 SCRT

D. 1 I0.0 S0.3 SCRT

4．根据图 3-5-1，以下步的转换可以实现的是（　　）。

A. 1 S0.4 I0.4 S0.7 S 1 S0.4 R 1

B. 1 S0.5 I0.4 S0.7 S 1 S0.5 R 1

C. 1 S0.6 I0.4 S0.7 S 1 S0.6 R 1

D. 1 S0.4 S0.5 S0.6 I0.4 S0.7 S 1 S0.4 R 1 S0.5 R 1 S0.6 R 1

四、简答题

1．简述并行序列的特点。

2．简述并行序列顺序功能图的特点。

3．简述并行序列顺序功能图的编程方法。

五、编程题

1．根据图 3-5-2 所示的顺序功能图画出相应的梯形图。

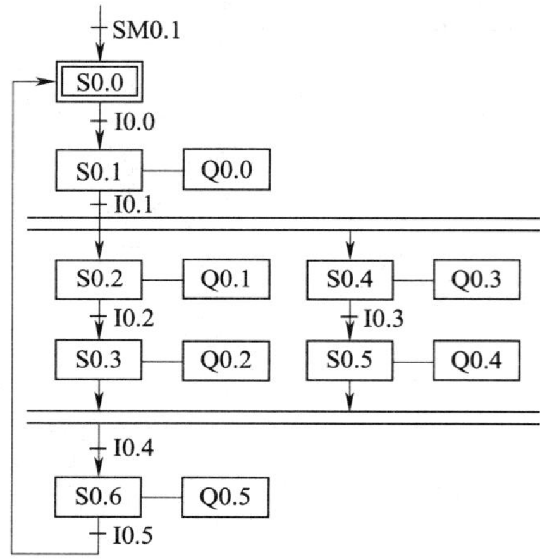

图 3-5-2　顺序功能图

2. 图 3-5-3 所示的专用钻床可用来加工圆盘状零件上均匀分布的 6 个孔，试根据控制要求设计该专用钻床控制系统的顺序功能图和梯形图。控制要求如下：

（1）开始自动运行时，两个钻头在最上方的位置，限位开关 I0.3 和 I0.5 为 ON。

（2）操作人员放好工件后，按下启动按钮 I0.0，Q0.0 变为 ON，工件被夹紧。夹紧后压力继电器 I0.1 为 ON，Q0.1 和 Q0.3 使两只钻头同时开始工作，分别钻到由限位开关 I0.2 和 I0.4 设定的深度时，Q0.2 和 Q0.4 使两只钻头分别上行，升到由限位开关 I0.3 和 I0.5 设定的起始位置时，分别停止上行，预设值为 3 的计数器 C0 的当前值加 1。两只钻头都上升到起始位置后，若没有钻完 3 对孔，则 C0 的常闭触点闭合，Q0.5 使工件旋转 120°，旋转到对应位置时限位开关 I0.6 为 ON，旋转结束后开始钻第 2 对孔。3 对孔都钻完后，计数器的当前值等于预设值 3，C0 的常开触点闭合，Q0.6 使工件松开。松开到位时，限位开关 I0.7 为 ON，系统返回到初始状态。

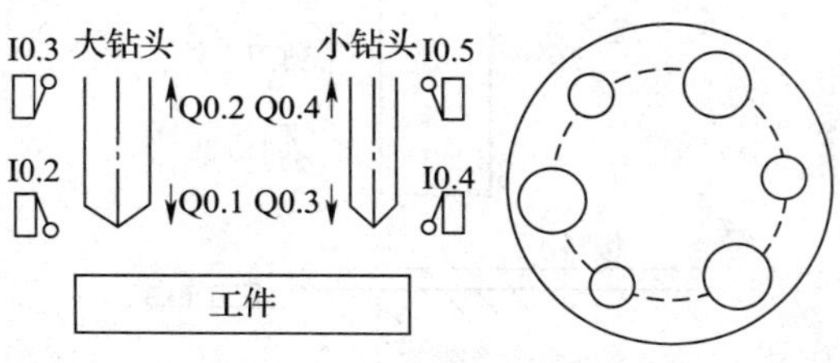

图 3-5-3　专用钻床结构示意图

3．图 3-5-4 所示为剪板机的工作示意图，试根据控制要求设计剪板机控制系统的顺序功能图和梯形图。控制要求如下：

（1）开始工作时压钳和剪刀在上限位置，限位开关 I0.0 和 I0.1 为 ON。

（2）按下启动按钮 I1.0，工作过程如下：首先板料右行（Q0.0 为 ON）至限位开关 I0.3，I0.3 动作，然后压钳下行（Q0.1 为 ON）；压紧板料后，压力继电器 I0.4 为 ON，压钳保持压紧，剪刀开始下行（Q0.2 为 ON）；剪断板料后，I0.2 变为 ON，压钳和剪刀同时上行（Q0.3 和 Q0.4 为 ON，Q0.2 为 OFF），它们分别碰到限位开关 I0.0 和 I0.1 后，分别停止上行；压钳和剪刀都停止后，又开始下一周期的工作。

（3）剪完三块板料后剪板机停止工作，并停在初始状态。

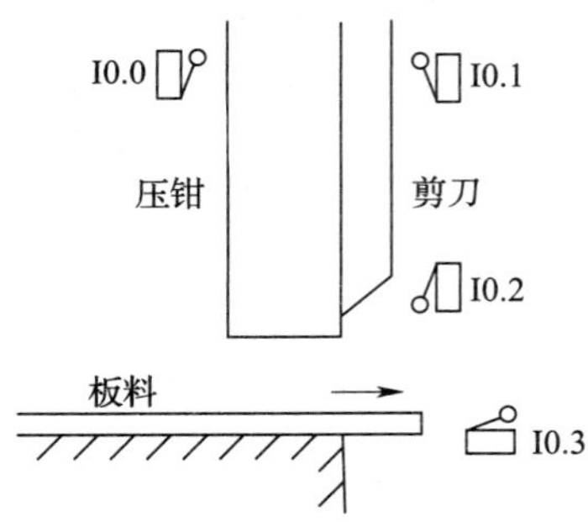

图 3-5-4　剪板机的工作示意图

六、技能题（可另附页）

图 3-5-5 所示为十字路口交通灯示意图，其时序图如图 3-5-6 所示。试运用 PLC 顺序控制设计法，绘制步元件为 S 的并行序列顺序功能图，用 SCR 指令编写十字路口交通灯的 PLC 控制程序，并完成控制线路的设计、安装与调试。控制要求如下：

（1）设置启动按钮 SB1 和停止按钮 SB2。当按下启动按钮 SB1 后，十字路口交通灯控制系统开始工作，首先东西向绿灯亮，南北向红灯亮；然后南北向绿灯亮，东西向红灯亮，如此循环下去。按下停止按钮 SB2 后，控制系统停止工作，所有信号灯灭。

（2）具有短路、过载保护等必要的保护措施。

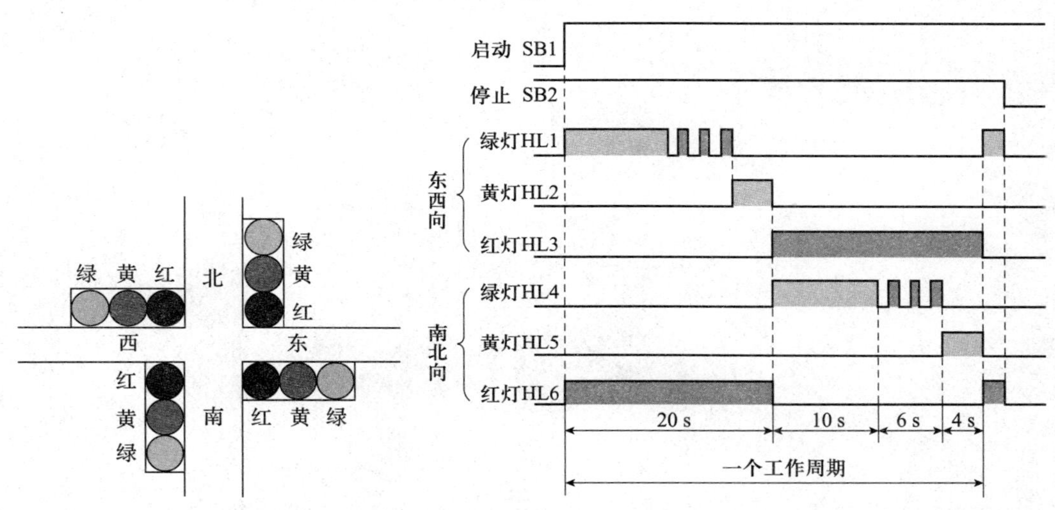

图 3-5-5　十字路口交通灯示意图

图 3-5-6　十字路口交通灯时序图